安徽现代农业职业教育集团
服务“三农”系列丛书

Yangzhu Shiyong Jishu

养猪实用技术

闻爱友　王少兵　主编

图书在版编目(CIP)数据

养猪实用技术/闻爱友,王少兵主编. —合肥:
安徽大学出版社,2014.1(2015.11 重印)
(安徽现代农业职业教育集团服务"三农"系列丛书)
ISBN 978 - 7 - 5664 - 0673 - 6

Ⅰ. ①养… Ⅱ. ①闻… ②王… Ⅲ. ①养猪学 Ⅳ. ①S828

中国版本图书馆 CIP 数据核字(2013)第 302077 号

养猪实用技术 闻爱友 王少兵 **主编**

出版发行:北京师范大学出版集团
安 徽 大 学 出 版 社
(安徽省合肥市肥西路 3 号 邮编 230039)
www.bnupg.com.cn
www.ahupress.com.cn
印　　刷:合肥添彩包装有限公司
经　　销:全国新华书店
开　　本:148mm×210mm
印　　张:6
字　　数:167 千字
版　　次:2014 年 1 月第 1 版
印　　次:2015 年 11 月第 2 次印刷
定　　价:25.00 元
ISBN 978 - 7 - 5664 - 0673 - 6

策划编辑:李 梅 武溪溪
责任编辑:程中业 张明举
责任校对:程中业
装帧设计:李 军
美术编辑:李 军
责任印制:赵明炎

丛书编写领导组

丛书编委会

丛书科学顾问

（按姓氏笔画排序）

序

解决“三农”问题，是农业现代化乃至工业化、信息化、城镇化建设中的重大课题。实现农业现代化，核心是加强农业职业教育，培养新型农民。当前，存在着农民“想致富缺技术，想学知识缺门路”的状况。为改变这个状况，现代农业职业教育必然要承载起重大的历史使命，着力加强农业科学技术的传播，努力完成培养农业科技人才这个长期的任务。农业科技图书是农业科技最广博、最直接、最有效的载体和媒介，是当前开展“农家书屋”建设的重要组成部分，是帮助农民致富和学习农业生产、经营、管理知识的有效手段。

安徽现代农业职业教育集团组建于2012年，由本科高校、高职院校、县(区)中等职业学校和农业企业、农业合作社等59家理事单位组成。在理事长单位安徽科技学院的牵头组织下，集团成员牢记使命，充分发掘自身在人才、技术、信息等方面的优势，以市场为导向、以资源为基础、以科技为支撑、以推广技术为手段，组织编写了这套服务“三农”系列丛书，全方位服务安徽“三农”发展。本套丛书是落实安徽现代农业职教育教集团服务“三农”、建设美好乡村的重要实践。丛书的编写更是凝聚了集体智慧和力量。承担丛书编写工作的专家，均来自集团成员单位内教学、科研、技术推广一线，具有丰富的农业科技知识和长期指导农业生产实践的经验。

丛书首批共22册，涵盖了农民群众最关心、最需要、最实用的各类农业科技知识。我们殚精竭虑，以新理念、新技术、新政策、新内容，以及丰富的内容、生动的案例、通俗的语言、新颖的编排，为广大农民奉献了一套易懂好用、图文并茂、特色鲜明的知识丛书。

深信本套丛书必将为普及现代农业科技、指导农民解决实际问题、促进农民持续增收、加快新农村建设步伐发挥重要作用，将是奉献给广大农民的科技大餐和精神盛宴，也是推进安徽省农业全面转型和实现农业现代化的加速器和助推器。

当然，这只是一个开端，探索和努力还将继续。

安徽现代农业职业教育集团

2013年11月

前　言

《养猪实用技术》是面向“三农”系列丛书之一。本书编写的主要目的是为了推广现代养猪生产基础知识和实用新型生产技术，满足农村养猪专业户、中小规模化养猪场及基层农业技术推广人员对现代养猪生产知识的需求。

在我国养猪生产的发展、农村养猪的规模化水平不断提高的条件下，养猪生产者需大力倡导科学、规范饲养管理模式，改善猪生存的小气候环境，利用安全、营养平衡的优质配合饲料，采取严格的生物安全防疫措施，实现健康、安全和高效的养猪生产。为此，全面推广现代养猪生产新技术，加快我国农村养猪生产方式的改变，推动养猪生产效率的提升已成为养猪生产可持续发展的必然趋势。

本书主要内容包括：猪的优良品种，营养需要及饲料配合，种猪的繁育技术，仔猪及商品肉猪的饲养管理，规模化猪场建设与规划等。这些内容的编排是在保证知识的系统性、全面性和新颖性的基础上，以养猪生产实用技术为主线，综合现代养猪生产技术的发展，突出知识的实践性和可操作性，使读者能够了解现代养猪生产的新技术和新理论，掌握养猪生产的实用技术，提高解决养猪生产中实际问题的能力。

本书编写过程中，在“三农”系列丛书编委会的指导下，编写组组织多次编审讨论会，并在初稿编写完成后，广泛征求了基层农业技术推广人员以及长期在一线从事养猪生产技术和管理的人员的意见，经多次认真修改后定稿。但由于时间仓促和编者水平有限，书中存在错误和不妥之处在所难免，欢迎广大读者批评指正。

编 者

2013 年 11 月

目　录

第一章
猪的品种

猪的品种是养猪生产的基础，尤其是近年来，随着生活水平的提高，人们对产品的质量又有了新的需求。为了满足人们的需求，世界各国都致力于对原有品种的保存和新品种的培育工作，采用优良品种进行杂交等现代生物技术手段以达到选育新品种的目的。因此，了解猪品种及其特性对改善养猪生产显得尤为重要。

一、主要地方猪品种介绍

我国养猪业历史悠久，猪种资源丰富，为我国养猪生产的发展提供了充足的条件，也为世界猪品种的改良做出了巨大贡献。根据品种资源调查及2001年“国家畜禽品种审定委员会”审核，中国猪遗传资源为地方品种72种，培育品种19种，引入品种8种。其中太湖猪、东北民猪、黄淮海黑猪、香猪、莆田黑猪等19个地方猪种于2000年8月23日被农业部列为国家级畜禽遗传资源保护品种。

1. 太湖猪

产地及外貌特征：太湖猪（图1-1）主要分布于长江下游的太湖流域，包括上海市、浙江省和江苏省的部分地区。按照体型外貌和性能上的某些差异等划分，太湖猪可分为若干个地方类群，即梅山、二花脸、枫泾、嘉兴黑、横泾、米猪和沙乌头等。体形中等，各类群间有差

异。例如,梅山猪体形较大,骨骼较粗;米猪的骨骼较细,头大额宽、额部皱纹褶多、深,耳特大,软而下垂,耳尖齐或可超过嘴角,形似大蒲扇。全身被毛黑色或青灰色,腹部皮肤多呈紫红色。梅山猪的四肢末端为白色,俗称“四白脚”。母猪乳头数多为8～9对。

生产性能:太湖猪以繁殖能力高著称,是全世界已知猪品种中产仔数最高的一个品种。法、英、美、日等国都已引进太湖猪,利用太湖猪的高产基因,改良其本国猪种。母猪头胎产仔数12头以上,二胎以上的经产母猪产仔数多为14～16头。太湖猪屠宰率65%～70%,胴体瘦肉率不高,皮、骨和花板油的比例较大,瘦肉中的脂肪含量较高,但肉质鲜美。

开发利用:太湖猪以其高繁殖力和优良肉质而受到国内外好评,太湖母猪与瘦肉型公猪杂交后代杂种优势明显,因此,用太湖猪作为母本,与引进国外品种长白、大约克、杜洛克等杂交,无论是生产二元还是三元杂交商品瘦肉型猪都具有生长速度快、胴体瘦肉多、肉质好的优点,是开发利用太湖猪品种资源的一条重要途径。

(a)太湖母猪

(b)太湖公猪

图1-1　太湖猪

2.东北民猪

产地及外貌特征:东北民猪(图1-2)主要分布在我国东北和华北部分地区,内蒙古自治区也有少量分布。全身被毛黑色,鬃长毛密,冬季密生绒毛。头中等大小,面直长,耳大下垂,体躯扁,背腰窄狭,

臀部倾斜，四肢粗壮直立，后肢丰满，尾粗长，体质健壮，结构整齐，发育良好。母猪乳头7～8对。民猪产区气候寒冷，圈舍保温条件差，管理粗放，经过长期的自然选择和人工选择，使民猪形成了很强的抗寒能力，不仅能在敞圈中安全越冬，而且在－15℃条件下尚可正常产仔和哺乳。

生产性能：民猪繁殖力高，主要表现在性成熟早，发情特征明显，受胎率高，母性好，泌乳力高，护仔性强。母猪4月龄左右出现初情期，8月龄、体重80千克左右初配。平均头胎产仔11头，经产母猪产仔12～14头。育肥猪90千克屠宰，瘦肉率约为46.13%，肉质优良，在肌肉颜色、嫩度、系水力、肌肉脂肪含量等常规肉质指标方面均优于长白、大白、杜洛克等目前常用品种。其中，肌内脂肪含量高（背最长肌约为5.225%、半膜肌约为6.12%），肉味香浓。缺点是皮厚，皮肤占胴体比例为11.76%。

开发利用：根据民猪抗病力强、繁育性能高、肉质好的优点，可以利用民猪作为母本与大约克夏、长白、杜洛克、汉普夏等杂交，培育出具有优良性状的新品种或生产二、三元杂种优质肉猪，杂种优势明显。

(a)民猪公猪

(b)民猪母猪

图1-2 东北民猪

3.两广小耳黑背猪

产地及外貌特征：两广小耳黑背猪主要分布于广东、广西两省（区）相邻的浔江、西江流域的南部地区。陆川猪（图1-3）、黄塘猪、中垌猪、桂墟猪等，统称“两广小花猪”。体短和腿矮为其特征，表现为头短、颈短、耳短、身短、脚短、尾短，故又被称为“六短猪”。额较宽，有“Y”形或棱形皱纹，中有白斑三角星，耳小向外平伸，躯干中部以上及背腰多为黑色被毛或黑白花，被毛稀疏，背腰宽而凹下，腹大多拖地，体长与胸围几乎相等，母猪乳头数多为6～7对。

生产性能：6月龄母猪体重约38千克，体长约79厘米，胸围约75厘米。成年母猪体重约112千克，体长约125厘米，胸围约113厘米。性成熟较早，母猪4～5月龄体重不到30千克即开始发情，多在6～7月龄体重40千克左右时初配，初产平均产仔8头，三胎以上平均产仔10头。育肥猪在11～87千克阶段，平均日增重约309克，体重75千克时，屠宰率约67.72％，胴体中瘦肉约占37.2％，脂约占45.2％，皮约占10.5％，骨约占7.1％。

开发利用：两广小耳黑背猪做母本，与引进的瘦肉型品种进行二元或三元杂交，优势效益显著。

(a)陆川公猪

(b)陆川母猪

图1-3　陆川猪

4.香猪

产地及外貌特征：香猪(图1-4)主要分布在我国广西、贵州及云南等三省交界的山区，是一种特殊的小型地方猪种，早熟易肥，肉质香嫩，哺乳仔猪或断乳仔猪宰食时，无奶腥味，故誉之为“香猪”。这些地区属于亚热带气候，年平均气温为15～18℃，无霜期为280～360天，相对湿度在80％左右。加之长期交通不便、自繁自养、近亲交配繁殖

等因素对香猪的形成也起了一定的作用。其外貌主要特征为体躯矮小、短圆。成年体重仅 50～60 千克，体高约 48 厘米，体长约 93 厘米，胸围约 96 厘米，头轻小，嘴细长。多数猪的额部平而少皱纹，耳较小而薄、略向两侧平伸或稍下垂。背腰宽而微凹，腹大丰圆触地，后躯较丰。四肢短细，后肢多卧系。毛色多为全黑，少数具有"六白"或不完全"六白"特征。母猪乳头数多为 5～6 对。

生产性能：成年母猪一般体重为 40 千克左右，体长为 80 厘米左右，胸围为 75～86 厘米，体高为 45 厘米左右。公猪体重 37 千克，体长为60.75～93.31 厘米。6 月龄肥猪平均体重 25～27 千克，平均日增重 150～200 克，饲料报酬 3.37～3.93。活重 35 千克猪屠宰率为 66.9%，眼肌面积为 10.8 平方厘米。由此可见，香猪早熟易肥，适于早期屠宰。香猪的母猪性早熟，4 月龄可发情配种，发情周期平均为 18～18.5 天。经产母猪产仔 6～12 头，产活仔数 5～10 头，双月断奶窝重 24～50 千克。

开发利用：用刚断乳的小香猪做烤乳猪，具有肉质鲜美、营养丰富的特点，在我国的南方以及东南亚国家备受欢迎。此外，香猪可用于医学试验和器官移植，也可作为宠物饲养，因而具有巨大的市场开发价值。

(a)香猪公猪

(b)香猪母猪

图 1-4　香猪

5. 金华猪

产地及外貌特征：金华猪(图 1-5)原产地为浙江省金华、东阳、义乌等县及其周边地区，是我国地方猪种保存和饲养量较大的猪种之一。该地区属于亚热带气候，年平均气温为17.4℃，年降水量为1472.1毫米，无霜期为263天，适于农业生产。当地人习惯用大麦、玉米、泥豆、胡萝卜等优质饲料喂猪。金华猪按头型可分寿字头型、老鼠头型和中间型3种。体型中等偏小，耳中等大而下垂，额有皱纹，颈粗短，背微凹，腹大微下垂，臀较倾斜。四肢细短，蹄质坚实，被毛稀少，毛色以中间白、两头黑为特征，即头颈和臀尾部为黑皮黑毛，体躯中间为白皮白毛，因此又被称为"两头乌"，少数猪在背部有黑斑。母猪乳头数多为8对。

生产性能：成年公猪体重约110千克，成年母猪体重约100千克。6月龄公猪体重30～35千克，母猪35～40千克。公母猪在110日龄时即达性成熟，5月龄左右、体重25～30千克时初配。三胎及三胎以上母猪平均产仔数13.78头。在16～76千克阶段，平均日增重464克左右，每千克增重耗精料3.65千克。在体重67.17千克时屠宰，屠宰率为72%左右，胴体中瘦肉占43.36%左右。

开发利用：体型大小适中，早熟易肥，皮薄脚细，肉质细嫩，颜色鲜红，肥瘦适度，是适于腌制火腿的优良猪种。并且用金华猪与引进的瘦肉型品种猪进行二、三元杂交，有明显杂种优势。

(a)金华公猪

(b)金华母猪

图1-5　金华猪

6.淮猪

产地及外貌特征：淮猪(图1-6)原产于淮北平原，主要分布于江

苏、安徽、河南三省。该品种是我省皖北地区饲养的主要地方猪种，其中又可分为定远猪、阜阳猪、涡阳猪等不同品系。主要外貌特征：被毛黑、较密，冬季生褐色绒毛，体型紧凑，额皱纹浅而少，呈等形，嘴筒长而直，耳稍大，下垂，背腰窄平，有的微凹，腹较紧但不拖地，臀部斜削，四肢较高，较结实，乳头多为 9～10 对。其中团头型山猪，皮较厚而多皱褶，嘴筒短而宽，额部皱纹深陷明显，臀宽而方正，四肢较粗壮。

生产性能：成年公猪平均体重为 140.62 千克，平均体长为 143.11厘米，平均胸围为 128.77 厘米，平均体高为 76.9 厘米；成年母猪平均体长为 116.80 厘米，平均胸围为 104.75 厘米，平均体高为 59.08 厘米。各类群间有一定差异，团头型山猪较大，灶猪较小，淮北猪居中。

开发利用：在良好的营养条件下，淮猪为母本的二元杂种以“杜淮”、“长淮”的日增重较高，分别为 615 克和 611 克，比本种淮猪提高 29%。

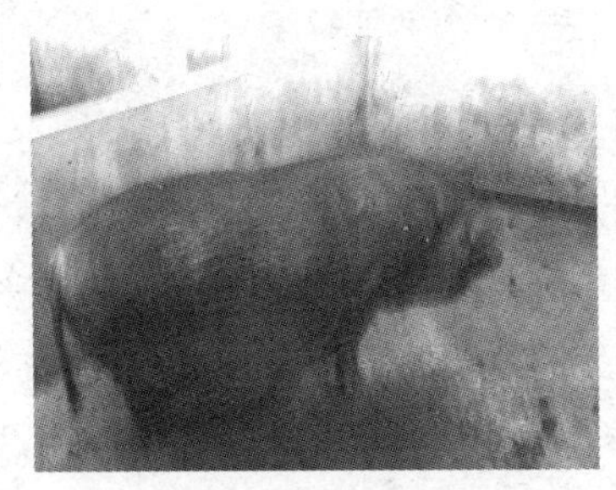

(a)淮猪母猪

(b)淮猪公猪

图 1-6　淮猪

7. 内江猪

产地及外貌特征：内江猪主产区为四川省内江市和内江县，分布于资中、简阳、资阳、安岳、威远、隆昌、乐至等县。全身被毛黑色，鬃毛粗长，头大嘴短，额面皱褶横向深陷，额皮中部隆起成块，俗称“盖碗”,耳中等大、下垂,体躯宽深,背腰微凹,腹大不拖地,臀宽稍后斜,四肢较粗壮。皮厚,成年种猪体侧及后腿有深皱褶,俗称“瓦沟”或“套裤”。被毛全黑,鬃毛粗长。母猪乳头数一般6~7对。

生产性能:成年公猪体重为170千克左右,母猪体重为150千克左右。在较好饲养条件下,6月龄体重可达90千克左右。在12~91千克育肥期,日增重410.65克左右,增每千克重消耗混合料3.51千克左右;屠宰率约为67.5%,瘦肉率约为37%。性成熟早,小公猪62日龄有成熟精子。小母猪于110日龄、体重50千克左右时,初次发情配种。头胎母猪一窝产仔7~11头,二胎以上窝产仔数10~12头。

开发利用:内江猪的一般配合力好,20世纪60年代和70年代,曾在国内南北20余省引用内江猪作父本开展经济杂交,不论与当地的地方猪种,还是与培育品种杂交,都能产生较高的“杂种优势”。近年已较少采用,主要原因是内江猪的杂种商品猪屠宰率偏低,皮厚,胴体瘦肉率低。

8.藏猪

产地及外貌特征:藏猪主要分布于西藏自治区的山南、昌都、拉萨和四川省的阿坝、甘孜,云南省的迪庆和甘肃省的甘南藏族自治州等地,是典型的高原型猪种。藏猪虽长期生长在气候高寒、饲养条件较差的情况下,但具有许多适合高原环境的特点。体型上表现嘴筒长而尖、呈锥形,适于拱食;额面窄,额部皱纹少,耳小直立或向两侧平伸,转动灵活。四肢结实,心脏发达,适合高原缺氧环境;体躯较短,胸较狭,背腰平直或微弓,腹线较平,后躯较前躯高,臀部倾斜。鬃毛长密,冬季密生绒毛;被毛多为黑色,部分兼有“六白”特征,少数猪为棕色。母猪乳头数多为5对。

生产性能:藏猪以放牧为主,饲养条件粗劣,生长发育缓慢,仔猪初生重为0.4~0.6千克,2~3月龄时自然断乳,体重为2~5千克,6月龄平均体重为13~14千克,体长为50厘米左右,12月龄体重

20～25千克，24 月龄体重为 35～40 千克。成年猪的体重为 35～40 千克，体长为 87 厘米左右，胸围为 74～78 厘米。在混群放牧，自然交配情况下，母猪一般年产仔一窝，平均窝产仔数 4～6 头。

开发利用：用内江、荣昌、长白、约克夏和巴克夏等猪种与藏猪杂交，杂种猪在增重速度上表现出一定的杂种优势。白毛色杂种对高原环境不适应。内江猪与藏猪一代杂种能适应当地条件，肯吃肯长，饲养一年体重可达 70 千克以上。

二、我国培育的猪品种

我国建国以来的培育猪种有 19 种，包括哈尔滨白猪、上海白猪、伊犁白猪、赣州白猪、汉中白猪、三江白猪、湖北白猪、新金猪、新淮猪、北京黑猪、苏太猪、山西黑猪、东北花猪、泛农花猪、北京花猪等。其中，哈尔滨白猪、上海白猪、三江白猪、湖北白猪、苏太猪等猪种较为著名。

1.哈尔滨白猪

产地及外貌特征：哈尔滨白猪，又称“哈白猪”（图 1-7），在含有约克夏猪和巴克夏猪血统的杂种白猪的基础上，通过引入苏联大白猪猪种，对其进行杂交二代选育而成。哈白猪原产黑龙江哈尔滨及其周边地区，已有 50 多年的育成历史。其生产性能很高，为我国第一个培育的优良猪种之一。该品种具有皮薄、脂肪较少、骨轻、胴体可食部分比例高等优点。

(a)哈尔滨白猪公猪

(b)哈尔滨白猪母猪

图 1-7　哈尔滨白猪

生产性能：体型大，结构匀称，体质坚实，毛色全白，头中等大，嘴中等长，两耳直立。乳头 6～7 对。成年公猪体重可达 230～250 千克，成年母猪 210～240 千克。平均每胎产仔 11～12 个，10 月龄的肉猪体重达 125～160 千克，高的可达 200 千克以上。育肥后屠宰率达 72.06％，胴体品质好，肥瘦比例适当，肉质细嫩适口。

开发利用：哈尔滨白猪与兰德瑞斯猪、民猪和三江白猪杂交，均表现出良好的杂交效果，与杜洛克公猪杂交所得杂种猪的胴体瘦肉率为 56％左右。

2. 三江白猪

产地及外貌特征：三江白猪（图 1-8）是以长白猪和东北民猪为亲本，进行正反杂交，杂交后的新品种再与长白猪回交，定向选育而培育成功的，于 1983 年通过专家鉴定，确认为我国第一个鲜肉型新猪种。主要分布于黑龙江省东部的三江平原地区。该地区地势平坦，土壤肥沃，气候严寒，冬季持续期长（无霜期约为 125 日），温差较大。饲料资源十分丰富，盛产麦类、大豆、玉米等作物，为发展肉用型猪提供了充足的饲料资源。体型外貌特征：头轻鼻长，耳下垂，后躯丰满，四肢强健，蹄质结实，被毛全白，躯干呈流线型，具有肉用型猪的体躯结构。母猪乳头数 7 对，排列整齐。

生产性能：仔猪 50 日龄断乳体重约为 13.94 千克，4 月龄可达 46.90 千克左右。6 月龄体重约为 84.22 千克，体长约为 119.68 厘米，腿臀围约为85.72厘米，6 月龄体重可达 90 千克左右，平均日增重 500 克以上，料肉比 3.5∶1，瘦肉率为 59％。三江白猪母猪继承了民猪亲本在繁殖性能上的优点，性成熟较早，初情期约在 4 月龄，发情特征明显，配种受胎率高。8 月龄即可配种，初产母猪产仔 10 头以上。

(a)三江白猪公猪

(b)三江白猪母猪

图 1-8　三江白猪

开发利用：三江白猪肉品质较好，与哈白、苏白和大约克夏的正、反杂交在日增重上呈现杂种优势，作杂交父本时所得杂种后裔在日增重和饲料利用上均优于母本。用杜洛克公猪与三江白猪杂交所得杂种后裔的胴体瘦肉率可达62%。

3.上海白猪

上海白猪(图 1-9)产于上海市近郊的宝山县，是在当地条件下培育成的肉脂兼用型品种。主要是在本地猪(太湖猪)和约克夏、苏白猪等猪种进行杂交的基础上，通过多年培育而成。主要特点是生长发育快，产仔数较多，适应性强和胴体瘦肉率较高。适于在大、中城市郊区饲养。

产地及外貌特征：上海白猪全身被毛白色，体质坚实，体型中等偏大，头面平直或微凹，耳中等大略向前倾。背宽，腹稍大，腿臀较丰满。有效乳头 7 对。成年公猪体重 250 千克左右，成年母猪 180 千克左右。

生产性能：在良好的饲养条件下，上海白猪 170 日龄体重可达 90 千克，体重 20～90 千克阶段的日增重 615 克左右，料肉比为 3.62:1。体重 90 千克屠宰，屠宰率 70.55%。眼肌面积 26 平方厘米，腿臀比例为 27%，胴体瘦肉率为 52.5%。公猪一般在 8～9 月龄，体重 100 千克以上开始配种。母猪初情期为 6～7 月龄，多在 8～9 月龄配种。初产母猪产仔数 9 头左右，3 胎以上经产母猪产仔数 11～13 头。

(a)上海白猪公猪

(b)上海白猪母猪

图 1-9　上海白猪

开发利用：用杜洛克猪或大约克夏猪作父本与上海白猪杂交，一代杂种猪在良好的饲养条件下自由采食干粉料，体重 20～90 千克阶段，日增重可达 700～750 克，料肉比可达(3.1～3.5)∶1。杂种猪体重 90 千克屠宰，胴体瘦肉率在 60%以上。

4.湖北白猪

产地及外貌特征：湖北白猪(图 1-10)主要分布在湖北武汉市及江汉平原，区域内有数十个国有农场，产区沃野千里，是鱼米之乡，江南粮仓，粮食丰富，饲料充足。该区域是我国饲养和出口商品瘦肉型猪的基地。湖北白猪是用英国大白猪和丹麦长白猪与地方优良品种(通城猪、荣昌猪)杂交育成，1986 年经过鉴定验收成为我国第二个瘦肉型新猪种。全身被毛白色，耳前倾稍下垂，中躯较长，腿臀丰满，肢蹄结实，有效乳头 12 个以上。湖北白猪遗传性已基本稳定，四世代以后已无非白毛猪出现。

生产性能：生长肥育猪平均日增重 650～800 克，料肉比为(3.11～3.49)∶1，瘦肉率为 62%～64%，经产母猪产仔数 12 头以上。

开发利用：以湖北白猪Ⅲ系为母本繁殖性能优良，以杜洛克、丹麦长白、汉普夏猪为父本的杂种肉猪日增重和饲料转化率高，眼肌面积大，腿臀比例和瘦肉率高。

(a)湖北白猪公猪

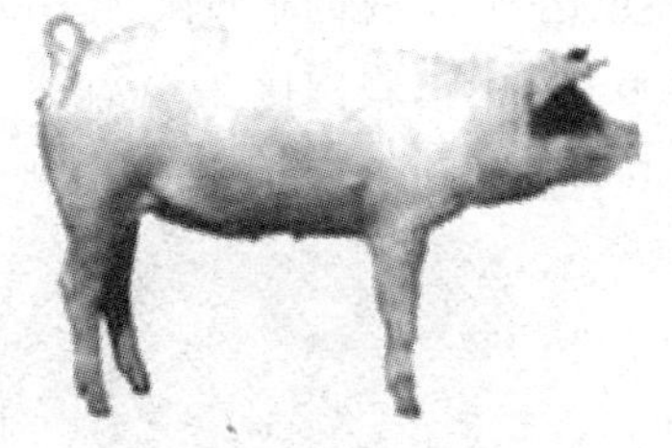

(b)湖北白猪母猪

图 1-10　湖北白猪

5.苏太猪

苏太猪(图 1-11)是以太湖猪为基础培育而成的中国瘦肉型猪新品种,1995 年由科技成果鉴定,1999 年通过国家畜禽品种审定委员会审定。

产地及外貌特征:苏太猪是由江苏省苏州市苏太猪育种中心培育,全身被毛黑色,耳中等大小、前垂,脸面有浅纹,嘴中等长而直,四肢结实,背腰平直,腹小,后躯丰满,结构匀称,具有明显的瘦肉型猪特征。有效乳头 7 对以上。少部分猪有玉鼻(白色鼻端)。

生产性能:苏太猪母猪 9 月龄体重约为 116.31 千克,公猪 10 月龄体重约为 126.56 千克;育肥猪体重在 25～90 千克阶段时,日增重 623.12 克,料肉比 3.11∶1。体重达 90 千克屠宰率约为 72.88%,瘦肉率约为 56%。母猪平均有效乳头 7 对以上,适配年龄为 6～8 月龄;初产母猪平均产仔 11.68 头,经产母猪平均产仔 14.45 头。

开发利用:苏太猪是以世界上产仔数最多的太湖猪为基础培育而成的中国瘦肉型猪新品种,具有产仔多、生长速度快、瘦肉率高、耐粗饲、肉质鲜美、细嫩多汁、肥瘦适度、适合中国人的烹调习惯和口味等优良特点。苏太猪母猪与其他品种公猪杂交,具有生长速度快、瘦肉率高、杂种优势显著等特点,是生产瘦肉型商品猪的理想母本,与大白公猪或长白公猪杂交生产杂种猪的胴体瘦肉率为 59%～60%,

体重达 90 千克的猪日龄为 160～165 天，在 25～90 千克阶段日增重 700～750克，料肉比 2.98∶1。

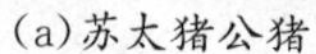

(a)苏太猪公猪

(b)苏太猪母猪

图 1-11　苏太猪

三、引入猪品种介绍

目前，全世界猪的品种共约 300 多个，但在国际上分布广而影响较大的只有十多个品种，其中又以长白猪、约克夏、杜洛克、汉普夏、皮特兰等几个品种较为突出。我国自 19 世纪末期开始，从国外引入的外来猪种(现称引入品种)有十多个。最早引入的猪种有巴克夏猪、约克夏猪，长白猪(兰德瑞斯猪)、苏联大白猪、克米洛夫猪等猪种。80 年代后又引进了杜洛克猪和汉普夏猪、皮特兰猪，以上这些猪种在我国各地不断繁育和驯化，成为了我国种猪资源的一部分，有的因不适应市场需要而被淘汰(如巴克夏猪)。目前在我国影响较大的引入猪种有：大约克夏猪(大白猪)、长白猪、杜洛克猪和汉普夏猪。

1. 长白猪

长白猪(图 1-12)又名“兰德瑞斯猪”，原产于丹麦。与大约克夏猪一样，长白猪是世界上分布最广的瘦肉型猪种，我国于 1964 年开始从瑞典引入第一批长白猪，以后又从英国、法国、日本引入。经过长期的驯化，长白猪已经适应我国的环境条件，现在我国的分布较广。近年来，我国又相继从国外引入了丹系、美系、英系等品系的长白猪，是我国引入最多的国外品种。

外貌特征：长白猪的头狭长，颜面直，耳大向前倾，体躯深长，头肩清秀而背膘较薄，背腰特长，背线微呈弓形，腹线平直，后腿肌肉发达。某些品系的骨骼过细而使四肢不够健壮。

生产性能：成年公猪体重为 350～500 千克，母猪约为 300 千克。一般养到 85 千克屠宰，胴体重约为 62 千克，屠宰率约为 73%。生长发育迅速，饲料利用率（整个肥育期内每千克增重所消耗的饲料量）高，6 月龄体重可达 100 千克左右，胴体瘦肉率达 60%。母猪繁殖性能较好，产仔多，泌乳性能好，乳头数有 7～8 对，窝产仔数为 11～12头。

开发利用：由于长白猪具有生长快，饲料利用率高，瘦肉率高，体型优美，繁殖力较高等优点，所以世界各国都比较重视引进它。引进该猪种可以作为改良地方猪和作经济杂交之用，以便生产出符合本国国内和国际市场需要的猪品种。该猪在三元杂交商品猪生产体系中常用作第一父本或母本品种。

(a)长白母猪

(b)长白公猪

图 1-12　长白猪

2.大约克夏猪

大约克夏猪（图 1-13）又名“大白猪”，原产于英国约克县及其临近地区。是目前在世界上分布最广的猪种之一。该品种是以当地的猪种为母本，并与引入我国广东猪种和莱塞斯特猪杂交培育而成的，1852 年正式确定为新品种。20 世纪 30－50 年代，我国少量引入大约克夏猪种，1967 年以后又从英国、澳大利亚、加拿大等国大量引入该品种，经过长期的驯化，大约克夏猪已基本适应我国的环境条件。

外貌特征：体形较大，毛色全白；头颈较长，颜面宽而呈中部凹陷，部分品系嘴筒稍向上翘；耳薄而大，直立；体躯较长、胸深广，肋开张；背平直稍呈弓形，腹线稍向下弯但不疏松下垂；后躯宽长，但大腿欠充实。

生产性能：大约克夏猪在标准饲养条件下，生长发育迅速，6 月龄体重达 100 千克左右。成年公猪体重达 260 千克左右，成年母猪体重在 200 千克以上。胴体瘦肉率高达 58%～60%。繁殖性能很强，乳头数有 6～7 对，经产母猪窝仔数为 11 头左右。

由于大约克夏猪的繁殖性能很强，而且具有较好的生长肥育性和胴体瘦肉率，故其他国家引入该猪种的数量也很多，并在世界各地经过长期选育，形成了不同的品系类型。我国近年引入的大约克夏猪有英系、美系、法系、德系、日系等不同的品系，是瘦肉型杂交商品猪生产体系中常用的母本或第一父本。

(a)大约克夏公猪

(b)大约克夏母猪

图 1-13　大约克夏猪

3. 杜洛克猪

杜洛克猪(图 1-14)原产于美国东北部，其主要亲本是纽约州的杜洛克和新泽西州的泽西红，故原名为“杜洛克泽西”。在 19 世纪 60 年代育成。它和汉普夏是目前在美国分布最广的猪种。我国于 1978 年从英国引入首批杜洛克猪，以后陆续从美国、匈牙利、日本引入。引入的杜洛克猪能较好适应我国的环境条件。

外貌特征：杜洛克被毛呈棕红色（从金黄色至褐红色），头较小而清秀，颜面微凹，鼻长直，耳中等大向前下垂，耳尖稍弯曲，胸宽而深，背部呈轻度弓形弯曲，腹线紧收，体躯高大而结实，四肢粗壮，全身肌肉丰满平滑，后躯肌肉特别发达。

生产性能：杜洛克是生长发育最快的猪种，肥育期平均日增重750克以上，料肉比为(2.5～3.0)∶1。成年公猪体重为340～450千克，成年母猪体重为300～390千克，母猪繁殖力较强，经产母猪窝产仔数为9～10头，母性好，较早熟，生长快。胴体瘦肉率在60%以上，屠宰率约为75%，胴体长约76.5厘米，背膘厚约3.2厘米，眼肌面积约32.4平方厘米。生长发育快，生长速度和饲料利用率优于其他引入品种。

开发利用：由于杜洛克猪具有增重快，饲料利用率高，胴体品质好，眼肌面积大，瘦肉率高等优点。因此，在瘦肉型杂交商品猪生产体系中，经常作为终端父本与其他猪种杂交，以达到增产瘦肉和提高产仔数的目的。以杜洛克猪为父本与我国地方品种猪杂交的后代，与地方品种相比，具有生长速度快、饲料利用率及瘦肉率高的优点。

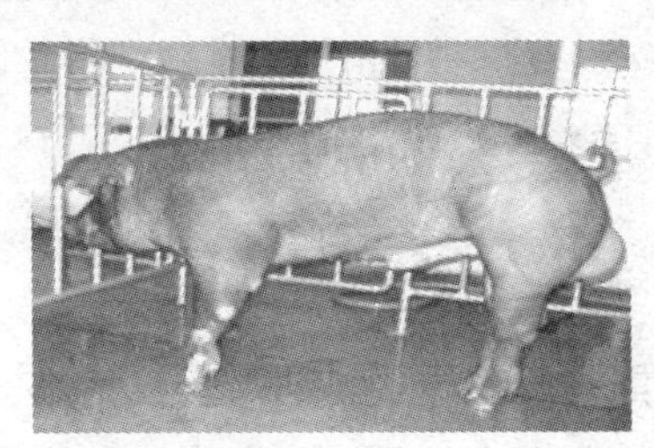

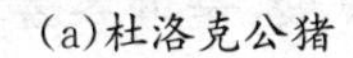

(a)杜洛克公猪

(b)杜洛克母猪

图1-14　杜洛克猪

4. 皮特兰猪

皮特兰猪（图1-15）原产于比利时的布拉帮特省，是由法国的贝叶杂交猪与英国的巴克夏猪进行杂交，然后再与英国的大白猪杂交而育成的。该品种分布于荷兰、德国、法国及西班牙，它是较为流行的瘦肉型新品种。

外貌特征:皮特兰猪毛色呈灰白色并带有不规则的深黑色斑点,偶尔出现少量棕色毛。头部清秀,颜面平直,嘴大且直,双耳略向前,体躯呈圆柱形,腹部平行于背部,肩部肌肉丰满,背直而宽大,体长为1.5～1.6米。

生产性能:在较好的饲养条件下,皮特兰猪生长迅速,6月龄体重可达90～100千克。日增重为700克左右,瘦肉率可高达70%,屠宰率约为76%,繁殖力较强,平均每胎产仔数10头左右。

开发利用:由于皮特兰猪产肉性能好,所以可以用作父本进行二元或三元杂交。用皮特兰公猪配上海白猪,或用皮特兰公猪配梅山母猪,或用皮特兰公猪配长白猪均可收到良好的杂交效果。

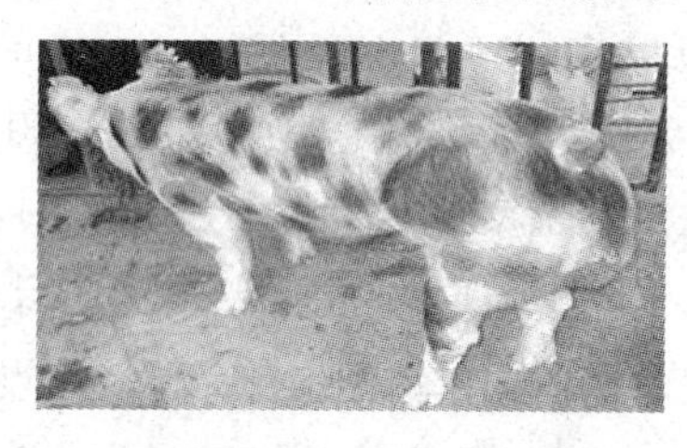

(a)皮特兰公猪

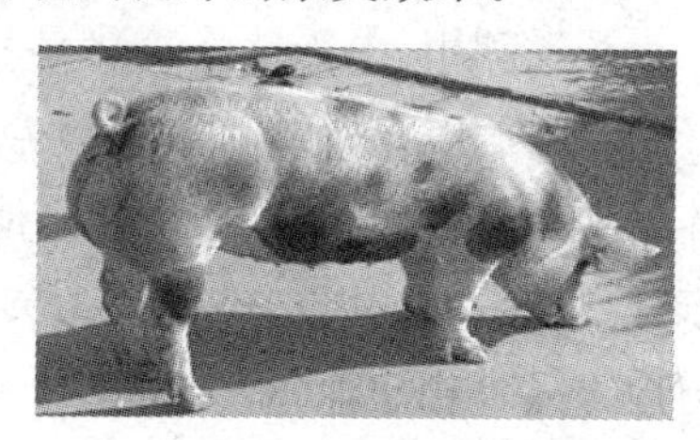

(b)皮特兰母猪

图1-15 皮特兰猪

5.汉普夏猪

汉普夏猪(图1-16)原产于美国肯塔基州。早期汉普夏猪是一种脂肪型猪,20世纪50年代后改向肉用型发展,是世界著名的鲜肉型猪。

外貌特征:汉普夏猪全身被毛主要为黑色,在肩和前肢有一条约10厘米宽的白带围绕,所以又称"银带猪"。嘴较长而直,耳中等大而直立,体躯较长,背微弓呈拱形,腹线紧缩,背腰粗短,四肢健壮,肌肉发达,体躯紧凑。

生产性能:成年公猪体重为310～410千克,母猪体重为250～340

千克。肉猪眼肌面积较大，胴体瘦肉率62%以上，屠宰率在73%左右，但生长速度、饲料利用率比杜洛克猪差。母猪繁殖性能良好，母性良好，乳量丰富，经产母猪平均产仔数9头，在杂交组合中适于做母本。

开发利用：汉普夏猪的主要优点是眼肌面积及后腿面积大，胴体中的瘦肉比例大。母猪繁殖性能较好，可以将该猪作为母本，与优良品种公猪杂交培育出新品种。

(a)汉普夏公猪　　(b)汉普夏母猪

图1-16　汉普夏猪

6.巴克夏猪

巴克夏猪(图1-17)原产于英国巴克郡和威尔郡。我国最早是在1900年引进该品种。巴克夏猪躯体丰满而短，是典型的脂肪型猪种。60年代引进的巴克夏猪体型已有改变，躯体稍长而膘薄，趋向肉用型。

外貌特征：巴克夏猪耳直立稍向前倾，体躯宽广，鼻短、微凹，颈短而宽，胸深长，肋骨拱张，背腹平直，大腿丰满，四肢直而结实，毛色为黑色，有“六白”特征，即嘴、尾和四蹄为白色，其余部位为黑色。

生产性能：产仔数7～9头，初生重1.2千克左右，60天断奶重12～15千克。近代的巴克夏育肥猪在20～90千克阶段，日增重约489克，料肉比3.79∶1。成年公猪体重约230千克，母猪体重约200千克，屠宰率约为74.63%，背膘厚约为3.86厘米，瘦肉率约为54.56%。

开发利用:巴克夏猪体质结实,性情温驯,沉积脂肪快,但产仔数低,该猪被我国引进已达 90 年之久,在繁殖力、耐粗饲和适应性上都有所提高。因此,我们可以让巴克夏猪作为父本与本地产仔多的母猪进行杂交,培育出生产性能好、产仔多的新品种。

(a)巴克夏公猪

(b)巴克夏母猪

图 1-17　巴克夏猪

第二章

猪的生物学特性及行为习性

在自然条件下，猪经过长期进化和对周围环境的适应，以及在人类的驯养过程中，形成了许多生物学特性及行为习性。从行为特点上看，不同品种或不同类型的猪，既有种属的共性，又有各自的个性特点。在生产实践中，饲养者需要认识和掌握猪的这些行为习性，从动物福利的角度加以利用和改造，以提高生产效率和经济效益，实现养猪生产的健康、高效、安全的可持续发展目标。

一、猪的主要生物学特性

1.适应性强，分布广

猪是世界上分布广、数量最多的家畜之一。除因宗教和习俗原因而禁止养猪的地区外，凡是有人类生存的地方都有猪的饲养。在中国猪分布则以东南沿海、西南山区、东北三江平原地区和黄淮海四个区域较为集中，而西藏、云贵高原及新疆、内蒙古等相对较少。从动物生态适应性来看，猪在长期的生物学进化过程中，对各种气候环境、饲养方法和方式（自由采食和限饲、舍饲和放牧）等均具有良好的适应性，并形成了各具特色的种质特性，且在体型大小、抗逆性以及生产性能等方面存在明显差异和生物多样性。这充分表现了猪的适应能力强的特点。

猪的适应力和抗病力均比较强，但因其分布广，并且在发病初期个体本身表现往往不易发觉，一旦发现，病情就已较严重而很难治疗，这就要求饲养员应经常注意猪的日常动态，一旦有失常现象就应查找原因，及时采取防治措施。

尽管猪的抗逆性较强，但在极端的环境和饲养条件下，猪体会产生应激反应和生理异常反应，表现出生长受阻或停滞，严重时可以导致死亡。如当环境温度升高至临界温度以上，猪就会产生热应激反应，表现出呼吸频率增加，采食量降低，生长速度下降，公猪精液品质下降，射精量减少，母猪不发情或受胎率低、产仔数减少等。而当环境温度低于临界温度时，猪为了抵抗寒冷表现出拥挤、扎堆等现象，并出现采食量增加，日增重和饲料转化效率反而下降，甚至过低温度可导致猪生病和受冻死亡。再如噪音，轻的可使猪产生食欲不振、暂时性惊慌、恐怖等行为，强的可导致母猪早产、流产和难产、受胎率下降、产仔数减少等，这些都表明猪对环境适应能力具有一定的有限性，在养猪生产中不能忽视，应给猪创造一个良好的自然环境，满足猪健康生长的生理需求。

2.繁殖潜力强，世代间隔短

猪是常年发情的多胎高产动物，平均窝产仔 10 头，比其他家畜要多，尤其是我国许多地方猪种都具有性成熟早、产仔数多、母性好、繁殖利用年限长的特点。如我国太湖流域的梅山猪母猪的初情期一般为 75～85 日龄，最早见于 65 日龄发情，7 月龄即可产仔，经产母猪产仔数平均超过 14 头，个别高产母猪一胎超过 22 头以上，最高纪录窝产活仔数 42 头。这些独特的优良繁殖性能，使我国地方猪种在 18 世纪对欧洲猪种改良，以及对当代世界著名猪种的繁殖性能的提高均起到了很大作用。

一般而言，猪在 4～6 月龄性机能逐渐发育并成熟，6～8 月龄就可以初次配种，猪的妊娠期约 114 天，相对其他家畜而言，猪的性成

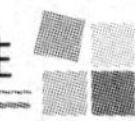

熟早、妊娠期和哺乳期较短。故猪第一年内就可第一次产仔，经产母猪1年可产2胎以上，若缩短仔猪哺乳期，并对母猪进行激素处理，可达到2年5胎或1年3胎，因而猪的世代间隔较短。平均为1～1.5年，是牛和马的1/3，羊的1/2，仅次于家禽。尽管如此，在生产实践中，猪的实际繁殖效率并不算高，母猪卵巢中有卵原细胞11万个，每一个发情周期内可排卵12～20个，而产仔数只有8～10头，它一生在繁殖利用年限内只排卵400个左右，公猪一次射精量200～400毫升，其中有精子200～800亿个，可见猪的繁殖潜力之大。因此，猪生产者可以通过对猪高繁殖力的生理机制进行研究，采取适当繁殖措施，改善营养和饲养管理条件，进一步提高猪的繁殖率。大量试验已证明通过外激素处理，可使母猪每个发情期内排卵30～40个，个别可达80个，产仔数可明显提高。在现代猪育种过程中，人们采用基因定位和分子辅助标记等现代生物育种技术，对影响母猪繁殖性能的主效基因进行监测、标记和选择，如ESR（雌激素受体）、FSHR（促卵泡素受体）、IGF2（胰岛素样生长因子2）、促乳素受体（PRLR）等，已显著地提高了母猪的繁殖性能。

3.摄食能力强

猪是杂食动物，可食饲料的种类和范围很广，几乎所有无毒、无霉变的动植物饲料，都能采食和利用，且饲料利用率仅次于家禽[猪(2.8～3.3)∶1]，而高于牛羊[肉牛(6～8)∶1，羊(5～6)∶1]。猪的这种消化特性与其自身的消化道特点是密切相关的。

猪牙齿发达、口裂大，牙齿和舌尖露到外面即可采食，喝水靠口腔内的压力吸水。

猪舌长而尖薄，运动灵活，且猪舌表面有一层黏膜，上面有不规则的舌乳头，大部分的舌乳头有丰富的味蕾，故猪在采食饲料时，能很好地辨别口味。

猪的唾液腺发达，能分泌大量含有淀粉酶的唾液，除浸润饲料便于吞咽外，还能将少量淀粉转化为可溶性的糖，猪一昼夜可分泌15升腺液，其中一半为腮腺液。

猪的胃容量为7～8升，是肉食动物的单胃与反刍动物的复胃之间的中间类型，具有较强的消化能力，对各种动植物和矿物质饲料，和各种农副产品，甚至鸡粪、泔水等都能较好地吸收利用。

猪的肠道较长，约为其体长的20倍(欧洲猪的肠道长度仅为体长的13.5倍)，故饲料通过消化道的时间长(18～20小时)，消化吸收充分，猪对精饲料中有机物消化率约为76.7%，青草中有机物消化率约为44.6%。

猪的消化道特点，使猪能够采食各种饲料来满足生长发育的营养需要，具有采食量大、消化快、养分吸收多等特点。同时，猪的杂食性决定了它具有一定的耐粗性。保持饲料中一定含量的粗纤维有助于猪对饲料有机物的消化(延缓排空时间和加强胃肠道的蠕动)和猪的健康(改善肠道微生物群落)。在耐粗性上，我国地方猪种比国内培育猪种和国外引进猪种表现好，在以青料为主的饲养条件下相对增重较多。但是猪胃内没有分解粗纤维的微生物，只有大肠内少量微生物可以分解消化，不像马、驴有发达的盲肠，因此，猪对粗纤维的消化利用能力相对较差(3%～25%)。日粮中粗纤维含量越高，饲料消化率也就越低，所以在配猪饲料时，应注意饲料的全价性和易消化性，控制粗纤维的比例，瘦肉型猪或培育杂交猪尤其应注意，尽管我国猪种具有耐粗饲特点，但也符合上述特性。一般生长育肥猪粗纤维含量不宜超过9%，成年猪不宜超过12%。

4.生长发育期短，周转快，屠宰率高

在肉用家畜中，猪和马、牛、羊相比，无论是胚胎生长期或生后生长期都最短，而生长强度又是最大的。

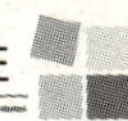

表 2-1 不同家畜的生长发育期比较表

畜别		猪	牛	羊	马
合子重(毫克/个)		0.40	0.50	0.50	0.60
初生体重(千克)		1.5	35	3	50
成年体重(千克)		200	500	60	500
胚胎期(月)		3.8	9.5	5.0	11.34
生后生长期(年)		1.5～2.0	3～4	2～3	4～5
体重增加倍数	胚胎期	21.25	26.06	22.52	26.30
	生长期	36	48～60	24～56	60

由于胚胎期短、同胎仔猪数又多,母体子宫相对来讲就显得空间不足和供应给每头胎儿的营养较少,所以仔猪出生时初生重小,各系统的器官发育不充分,头的比例大,四肢不健壮,对外界环境适应能力差,因此,初生仔猪需精心护理,否则极易发生疾病。

仔猪出生后为补偿胚胎期发育的不足,生长强度很大,生后 2 个月内生长发育特别快,1 月龄体重可达初生重的 5～6 倍(8 千克),60 日龄时体重(20 千克) 为 1 月龄体重的 2.5～3 倍,初生重的 12～15 倍,断乳后直到 8 月龄以前,猪的生长尤其迅速。以后生长逐渐缓慢,到成年时体重维持在一定的水平上。猪的生长期短、发育迅速、周转快等特点,对养猪生产者降低养猪成本、提高效益十分有利。

在肉用家畜中,猪比其他家畜更能充分利用饲料的营养物质转成肉食品,而具有增重快、饲料利用率高的优势。尤其是瘦肉型猪生长速度快,代谢强度高,对饲料蛋白质的转化率比其他类型猪高。因而沉积瘦肉的能力强,转化为瘦肉的效率比脂肪型猪更高,产肉量大,在良好的饲养管理水平下,1 头母猪可年产 1.5 吨肉左右。屠宰率因猪的品种、体重和膘情不同而有所差异。人们为了提高猪的产肉力,不断加强这方面的改良,比如伸长了它的中躯,增加它的臀部和后腿的比重。猪的屠宰率为 70%～75%,而牛的屠宰率只有

50%～55%，羊的屠宰率仅有45%左右。

5.猪感觉器官的特点

(1)猪的听觉器官发达 猪的听觉器官较为发达，能够很好地识别声音来源、强度、音调和节律。猪的耳形大，外耳腔深而广，如同扩音器的喇叭，其搜索音响范围大，即使很微弱的声音都能察觉到，且头部转动灵活，可以迅速判别声源方向。猪本身的叫声因品种年龄以及生活条件不同有很大的差别，因而不同的个体之间完全可以依据听觉来相互识别和交往。通过呼名和各种口令等声音训练，猪可以很快建立起条件反射，仔猪出生后几分钟内便能对声音有反应，几小时后即可分辨出不同声音刺激，到3～4日龄时就能较快地辨别声音。猪对有关吃喝的声音较敏感，当它听到喂猪的铁桶声响时立即起而望食，发出饥饿的叫声。猪对意外声音特别敏感，尤其是对危险信息特别警觉，一旦有意外响声，即使睡觉，也会立即站立起来，保持警惕。因此，为了使猪群保持安静、安心休息，要尽量不打扰它，特别是不要轻易捉小猪，以免影响生长和发育。

(2)猪的嗅觉非常灵敏 猪的嗅觉之所以灵敏，是由于猪鼻发达，嗅区广阔，嗅黏膜的绒毛面积大，分布在这里的嗅神经非常密集，对很多气味都能嗅到和辨别。猪对气味的识别能力是狗的1倍，人的7～8倍。仔猪在出生以后几小时内就能很好地鉴别不同气味，大猪和成年猪鉴别气味能力非常强。在一个猪群的个体之间，基本上是靠嗅觉保持互相联系。如仔猪初生后便能靠嗅觉寻找奶头，3天后就能固定奶头吃奶，且在任何情况下，都不会弄错，故仔猪奶头的固定或寄养在3天内可以比较顺利进行。猪依靠嗅觉能有效地寻找地下埋藏的食物；能准确地排出地下一切异物；识别群内个体；找到自己的圈舍和卧位等。猪的嗅觉在性联系中也起很大作用，如发情母猪闻到公猪的气味，就会表现出“发呆”反应(刚配种的母猪需单独休息十几分钟，以消除气味)。另外，在生产中，“仔猪寄养”工作必须

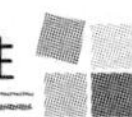

考虑到其嗅觉灵敏的特点，否则就不易成功。

(3)味觉感觉中等　猪舌头上具有大量的味蕾(约 15000 个)能辨别饲料的风味，尤其对饲料的酸甜等风味特别敏感，故猪喜爱采食酸甜的食物。根据猪的味觉特点，香味剂和甜味剂已广泛应用于断奶仔猪饲料中。在味觉分辨中，猪首先分辨出甜味和苦味，还能区分不同咸度的含盐饲料，如能识别含有 1.5%和 2%食盐的饲料。

(4)猪的视力很差　猪的视觉很弱，不仅视距短、视野范围小，且辨色能力差，不靠近物体就看不见东西，几乎不能用眼睛精确辨别物体的大小形状和光线强弱。猪对光的刺激比对声音的刺激出现条件反射要慢很多。在生产上通常利用猪的这一特点，一般把并圈时间定在傍晚，或用假母猪进行公猪采精训练；发情的母猪闻到公猪特有气味，就会前往，这时若把公猪赶走，母猪就会在原地表现出“发呆”反应。

(5)猪的触觉装置遍布全身，痛觉很敏感　猪的触觉全身都有，尤其鼻端部位更发达，对痛觉特别敏感，在觅食和相互来往中常常以吻(相互接触)来感觉信息。猪对痛觉刺激特别容易形成条件反射，如利用电围栏放牧，猪受 1～2 次轻微的电击后就再也不敢触围栏了。人若对猪过分粗暴，甚至棒打脚踢，它就会躲避人，甚至伤害人，而且它对这种痛觉的记忆长久而深刻。

二、猪的主要行为习性

与其他动物一样，猪的行为习性对其生活环境、气候和饲料管理等条件的刺激而产生的具有一定规律的适应性反应，这些行为反应有的取决于先天遗传(内部因素)，有的取决于后天的调教、训练或使用(外来因素)。同时动物的行为适应能力又是有限的，猪的行为能否正常表达与其生存环境密切相关。如果环境、饲养管理制度的改变超出一定限度，动物无法适应这一环境时，其行为常会表现出异常。随着养猪生产方式的变革和发展以及对动物福利的重视，对猪行为习性及其相关机制的研究越来越多。在现代集约化、高效率的养猪生产模式下，尽力创造适合于猪生活习性的环境，加强对猪的行为的训练和调教，减少对猪正常、自然的行为习性所造成的危害，充分发挥猪自身的生产潜能，实现猪健康生长、繁殖和获得最佳的经济效益。

1.采食行为

猪的采食行为主要包括采食和饮水两种方式，它与猪生存的环境、年龄特征、生长阶段和健康密切相关。拱土觅食是猪与生俱来的采食行为，猪的鼻子是高度发育的感觉器官，拱土觅食时，嗅觉起着决定性的作用。但是拱土不仅对猪舍建筑具有破坏性，而且也容易从土壤中感染寄生虫和疾病，如果喂给平衡的日粮，补充足够的矿物质，拱土现象就会减少。除睡眠外，猪大部分的时间都在觅食。猪的采食行为主要表现为以下几个方面：

(1)采食具有选择性　猪特别喜爱吃甜食(如哺乳仔猪喜爱甜食，故用低浓度的糖精溶液可以增加食欲，改变适口性，但对高浓度糖精则不喜欢吃)。颗粒料与粉料相比，猪爱吃颗粒料；干湿料相比，猪爱吃湿料，且采食花费的时间也少。猪采食的选择性还表现在猪具有自身调节营养素平衡的功能，若饲料按蛋白料、能量料、微量成分料分别放置，猪会自己平衡日粮，如仔猪会选择赖氨酸含量高(1.25%)的饲粮，而不选择赖氨酸量低(0.7%)的饲粮。

(2)采食频率和次数　猪在白天的采食次数(6～8)比夜间(1～3次)多。每次走近饲槽采食都持续10～20分钟，猪的采食量和采食频率随着体重增长而增多。仔猪出生后7日龄内主要是吃奶，基本上不采食饲料，每昼夜吃乳次数与母猪放乳频率是相一致的，且出生后5日龄开始寻料、吃料，7～10日龄采食饲料次数都很少，10～15日龄后采食次数和采食持续时间均逐步增加，28～35日龄左右明显增加，进入旺食期。猪白天的采食量占总采食的70%，晚上占30%，但60千克以上的生长肥育猪夜间采食量明显下降，且猪的采食频率

还与饲喂方法和饲料形状有关。如果限食，猪每次采食时间会大为减少，只有 10～15 分钟；而在自由采食条件下，每次采食 15～25 分钟，不仅采食时间延长，还能正确表现其个性与嗜好。群饲的猪比单喂的猪吃得快，吃得多，增重也较快。猪的采食量比较大，但猪的采食是有节制的，所以猪很少因饱食而致死亡。

(3)饮水　在多数情况下，饮水行为与采食行为相伴随，仔猪出生后 3～5 日龄即有饮水表现。饮水次数随仔猪日龄增长而增多，28 日龄以上吃干料的猪每次采食后需立即饮水。在任意采食时，猪饮水和采食交替进行，直到满意为止；而限饲时，猪则在吃完所有饲料后才饮水。猪的饮水量是相当大的，一般吃混合料的小猪每昼夜饮水 9～10 次，吃湿料的平均为 2～3 次，饮水量约为吃干饲料的 2 倍(即水∶料＝3∶1)。猪的采食量决定于饮水量，而饮水量却与采食量没有直接的关系。

表 2-2　不同环境温度下猪的饮水量

	体重(克)	室温		
		9℃	20℃	30℃
每千克体重饮水量	20	0.088	0.116	0.170
	60	0.066	0.087	0.118
每千克饲料的饮水量	20	2.53	2.86	4.06
	60	2.47	2.91	4.45

成年猪和生长猪的饮水量除与饲料结构有关外，很大程度取决于环境温度、体重、生理状态和采食量。如在饲粮中添加锌可增长断奶仔猪每天总的饮水时间，因为高浓度的锌可增强仔猪的渴感。吃混合料的仔猪，每昼夜饮水 9～10 次，吃湿料的饮水次数平均为 2～3 次。在炎热的夏季，猪主要靠水分蒸发体内热量，故饮水量增大，且饮水高峰在午后。母猪在哺乳期的饮水量，远远超过其他时期。

2. 排泄行为

猪的排泄行为是仿效其野生祖先的方式，但也受饲养管理方式的影响。如自然条件下，猪不在吃睡的地方排粪尿，这是祖先为避免敌兽发现而遗传下来的本性。一般认为猪是最脏的，实际上，在良好的管理条件下，猪是家畜中最爱清洁的动物。猪排粪排尿有一定的时间性和区域性，常选择远离猪床的固定地点排粪排尿，以保持其睡窝清洁、干燥，避免粪便污染。

(1)在时间上 生长猪在采食过程中一般不排粪，饱食后5分钟左右开始排粪1～2次，至多3～4次，常是先排粪后排尿；在喂料前也有排泄行为，但多为先排尿后排粪；在2次饲喂间隔中，猪多排尿很少排粪；夜间一般进行2～3次排粪，由于夜间长因而早晨的排泄量大，一般占全天总排粪量25%～30%。热应激可使其排泄次数增多。

(2)在地点上 猪一般在食后、饮水和起卧时容易排泄粪尿，地点一般在墙角、潮湿、荫蔽或有粪便气味的地方。大猪在天冷时亦有尿窝的现象。初生仔猪一般多分散排粪，随着猪月龄的增加排泄逐渐区域化。值得注意的是，如果圈栏过小或同一栏内头数过多而产生拥挤，猪就无法表现其好洁性，天生的排泄行为受到干扰，排泄行为就会变得混乱。

当猪第一次圈养在水泥地面的猪舍中时，在水泥地面的一角用水浇上几天，会诱使猪群在这个地方排泄大部分的粪便。环境条件对猪的排泄行为有重大影响，当密度过大、炎热、圈面潮湿肮脏、骚动应激等都会使排泄行为紊乱。

3.活动和睡眠

猪的行为有明显的昼夜节律。猪大部分在白天活动，在温暖季节和夏天的夜间也有活动，遇上阴冷的天气，活动时间缩短。猪的躺卧和睡眠时间很多，延长休息和睡眠时间是正常的功能行为。在有不同的躺卧处可供选择时，猪不喜欢漏粪地面作为躺卧处(据丹麦调查表明养在全部是漏粪地面的猪咬尾的频率高)。

昼夜活动情况因年龄及生产特性不同而有差别，仔猪昼夜休息

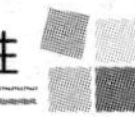

时间平均为60%～70%，种猪为70%，母猪为80%～85%，肥猪为75%～85%。显然，根据年龄、体重和机能状况的变动，体重小的猪躺卧时间占63%，体重大的休息时间占73%，妊娠母猪休息时间占95%，休息高峰在半夜，清晨8时左右休息最少。哺乳母猪在哺乳期内白昼各阶段睡卧次数无明显规律，但睡卧时间长短却有规律，表现出随哺乳天数的增加睡卧时间逐渐减少。走动的次数和走动的时间变化比较有规律，即走动的次数由少到多，走动的时间则由短到长，这与睡眠休息时间相反。这些都是哺乳母猪特有的行为表现，在饲养管理中应加以重视。仔猪生后3天内，除吃乳和排泄外，几乎全是酣睡不动。随着日龄增长和体质的增强，仔猪活动量逐渐增大，睡眠时间相应减少，但至40天左右大量采食补料后，睡卧时间又有所增加，饱食后一般较安静睡眠。通常仔猪的活动和睡眠几乎都是尾随和仿效母猪，大约在出生后5天随母猪活动，出生后10天左右，开始与同窝仔猪群体活动，单独活动减少。睡眠休息主要表现为群体睡卧。如仔猪出生后第一次哺乳即训练母仔分开，将仔猪置于补饲栏内睡卧休息，仔猪们便能集中于睡床内睡卧直到断奶。

猪是多相睡眠动物。一天内活动与睡眠交替几次，猪睡眠时全身肌肉松弛，发出鼾声，经常是成群地同时睡眠。猪睡卧休息有两种：一种是静卧，休息姿势多为侧卧，少有伏卧，呼吸轻微而均匀，虽闭眼但易惊醒。另一种是熟睡，为侧卧，呼吸深长，有鼾声且常有皮毛抖动，不易惊醒。猪每天平均有13%的时间在仿效活动，8点左右为活动顶峰期，20点左右为站立期，24点左右为走动低谷期。这些活动受内源节律性的控制比受周围温度的影响更大。在饲养管理中，工作人员应能识别猪的正常睡眠和休息形式，以便发现有异常症状情况，同时，尽可能少地干扰猪正常生理行为的节奏，这既有利于增重，又可提高饲料利用率。

4.热调节行为

猪是恒温动物，在适宜温度下，靠热传导、热辐射、热蒸发以及空气对流进行散热调节，靠自我调节的摄食量调节产热。对不同温度的反应，猪有不同的对应措施。当遇到寒冷的温度时，不论是新生猪群还是成年猪群，均挤作一团，特别是刚生的仔猪蜷缩在一起，把几个小身体变成一个大身体，双方都减少了自己身体表面部位的暴露，减少热量散发。这是一种相互取暖御寒的群体行为，对防止体热散失十分有效。另外，猪改变姿势也能减少热量的损失，如外界温度低于 10℃时，猪改变其在温暖环境中的舒展姿势而表现出四肢贴近躯体的御寒姿势，减少自身热量的损失；当猪伏卧在自己的四肢上时，其实就减少了传入地面的热量；安静站立时，全部表现为夹尾、屈背、四肢紧张，尤以后肢为甚，采食时表现出紧凑的姿势。当外界气温回升时，猪就寻找避风向阳处，侧身而安静地站立。

在高温环境中猪的体温调节行为表现为喜卧少动、呼吸加快、张口呼吸等，并不时将身体潮湿的一面朝上，将鼻孔对着空气流动的一方以利散热。在高温时，猪喜欢在泥水中打滚，因为蒸发水分所需的热量取自皮肤，且泥水的蒸发性散热作用持续时间比水的作用时间长很多。如果把猪养在水泥地面的舍内或养在笼里，则它将在自己的粪尿中打滚或把身体挤在饮水槽内，或躺在阴凉的地面上，四肢张开大口不停地喘气。夏天，猪在睡觉时，充分伸展身体，使身体表面得到最大程度的暴露。若强行在烈日或高温下驱赶，猪可能会发生日射病或热射病(中暑)而死亡。

猪从出生到成年，随着体格的增大和体重的增长，对温度耐受力也发生了较大变化，即对冷耐受力有所提高，对热的耐受力反而降低。与其他家畜不同，猪的表皮层较薄，被毛稀疏，在炎热环境下，能吸收大量的热辐射，环境的高温容易传到猪体内；猪的汗腺不发达，在高温环境中蒸发散热能力差，故小猪与大猪均怕热，尤其是肥猪更

甚。对成年猪而言，热应激比冷应激影响更大。现代瘦肉型的猪因背膘薄而表现出既不耐寒，又不耐热，只适于在20～23℃下生活。猪舍内最适宜的温度为15～25℃，相对湿度为60％～80％（肥育猪最大适宜湿度为85％）。

新生仔猪适应环境温度的能力是极其有限的，在它们出生时若环境温度偏低，常导致体温很快下降。这是因初生仔猪皮下脂肪少，皮薄，被毛稀少，保温性能差，体表面积相对较大（对体重而言），既怕冷又怕湿。在低温环境里，仔猪将四肢蜷缩在腹下，以将冰冷的地面与薄皮的腹部隔开，并相互挤堆取暖，出现持续性肌纤维的震颤以增加产热。低温应激会使仔猪抵抗力明显下降，极易发生各种继发性疾病等，所以保温是提高仔猪成活率的重要措施之一。1周龄仔猪所要求的适宜温度为30℃左右，随日龄增加，仔猪对环境温度的适应能力逐渐加强。

环境温度对肥育猪的采食量、饲料转化、增重以及胴体品质都有影响。低温环境一般认为对繁殖力没有影响或影响很少，但高温对猪繁殖率有一定影响。研究结果表明，温度超过30℃时母猪受胎率下降，不发情的比例增加，公猪精子活力降低，精子数减少（这种影响是在应激后15～20天开始，一直持续50天左右），配种受胎率下降，胚胎存活数减少。

5.探究行为

猪的一般活动大部分来源于探究行为（包括探查和体验行为），这种探查和体验行为促进了猪对新事物的学习和适应能力。猪对环境探究并获得信息是猪的基本生物学功能。猪通常表现出发达的探究能力，因为它们对所处的环境认识越多，越能在复杂的环境中选择恰当的行为，以便更好地适应生存。探究力指的是对环境的探索和调查，并同环境发生经验性的交互作用。猪用嘴巴相互之间的拱推行为、鼻闻行为等都属于探究行为。不论引入种猪还是地方猪，当圈栏内有新的物体时,都会表现出探究行为,一般表现为早期试探性的靠近。保持着戒备心理,一旦物体表现出动性,则其会瞬间移开,当物体不动时,则其会再次慢慢试探性地靠近,直至完全接受。猪的这种行为为其创造福利环境提供了便利性和可行性。为了遵循自然规律,猪的玩具建议采用固定式的,尽量不要采用可移动的、有声响的,以免引起猪群的恐慌。

探究行为在仔猪中表现最为明显,如仔猪出生后约 2 分钟即能站起来,并开始用鼻子拱掘来探查搜寻母猪的乳头,这就是一种本能的探究行为。仔猪还用鼻拱或口咬周围东西来认识新的事物,用鼻突来摆弄周围物体是猪探究行为的主要方面,其持续时间比群体玩闹时间还要长。

摄食行为与探究行为有密切联系,猪在觅食时,首先是用鼻闻,然后用鼻拱或嘴舔、啃,这就是一种探究行为。当食料合乎其口味时,仔猪便会开口采食。如 7 日龄仔猪补料要经 2~4 天,甚至一周才少量吃食。再如母仔彼此能准确认识、仔猪吮吸母猪乳头的序位等都是通过嗅觉探查而建立起来的。

大猪在猪栏内能明显地划分几个不同地带:睡床、采食、排泄形成明显的区域性,是通过嗅觉探究不同的气味特点来区分各地带的。当猪进入陌生环境时,开始是怀着恐惧的心理站立或趴卧在一个角落里,似乎准备随时应对来犯者,而这个角落也是它进入这个环境后,经短暂的探查认为是安全的地带,经过一段时间后,确认没有危害时,便会渐渐地四处探查,直到熟悉和适应整个环境。

在合并后,猪群的互相探查常会产生咬尾恶癖,这时在圈舍内装置其他物品如轮胎、铁链条等,以吸引转移猪的探查目标。

6.争斗行为

争斗行为包括防御、进攻(侵袭)、躲避和守势等活动。在生产中常见到的争斗行为,是群体内为了争夺饲料和地盘所引起的。新合

并猪群内相互交锋，除争夺饲料和地盘外，还有调整群居结构的作用（这方面因素起主导）。因而，频繁的并圈组群导致猪的社会调节能力紊乱，增加了争斗行为的发生。尤其在混群的最初几天表现出最为强烈的争斗行为。当群体的优势序列建立后，在自由采食的情况下，争斗行为会逐渐减少。而在限饲情况下，由于对饲料的竞争，在采食前后还保持很高的争斗频率。仔猪一出生，立刻就表现出企图占据母猪最好乳房位置的竞争习性。公猪比母猪好斗，但母猪在一定环境下，也会有争斗行为，去势的公猪通常在争斗中是十分被动的（这是与激素——睾酮的分泌有关），成年猪比小猪造成的后果严重得多。当一头猪进入陌生的猪群中，这头猪便成全群攻击对象，如将两头陌生、性成熟的公猪第一次放在一起时，彼此会发生猛烈争斗，争斗激烈的程度取决于双方之间的韧性。有时，只是一次短暂的小冲突，有时用嘴撕咬持续达 1 小时之久，直至一方表示屈服。故对成年猪群的管理更为重要，尤其是在混群时，必须十分小心。实践证明，当猪群的组成发生变动时，特别是组群时，常使用镇静剂和喷洒能掩盖气味的气雾剂，可以减少猪群的对抗和攻击行为，降低经济上的损失。

猪的争斗行为除了受个性特征影响外，主要受饲养密度的影响，饲养的群体过大或密度增加，猪的争斗频率也随之增加。因而，大群饲养或高密度饲养时，猪的采食量和饲料利用率都有所下降，严重的表现为只吃不长。对于猪生产者来说，不是去消除所有争斗，而是怎样减少或控制争斗，以减少损失，提高经济效益。

7.群居行为

猪是群居家畜，在野生状态下，常以母猪带领它们的仔猪组成群体，一般 3～4 头母猪和它们的仔猪形成一群。这种漫游习性的群居行为，由于现代化饲养方法，把猪限制在一定面积的圈舍内，使它们无法充分表现，不过在群饲的猪群内仍保留猪的合群性，如同窝仔猪平时在母猪带领下出去游玩，在它们散开时，彼此距离不会太远，而且一旦受惊吓，会立即聚集在一起，或成群逃走。吃乳的仔猪同其母猪和同窝仔猪分离后不到几分钟，就会极度紧张和不断大声嘶叫，直到回到母猪和同伴身边。猪的群居生活加强了它们的模仿反射，如仔猪间模仿吃料行为。猪的群居行为是指猪群中个体之间发生的各种交互作用，在猪群体内通过身体接触和听觉、嗅觉感应而保持群体稳定和信息传递。

但一个猪群在最初建立时，以争斗攻击行为最为多见，无论是刚出生的仔猪群或是合群并圈的大猪群，都必须在建立等级序列后才能按正常秩序生活。因此，在组群时，群内个体体重差异不宜悬殊太大，更不宜将不同品种的猪混养，以免出现抢食和采食不均现象，从而造成生长发育不整齐。

另外，猪是社会性很强的动物。为建立等级序列的猪群，猪群内部也存在竞争习性，即大欺小、强欺弱和欺生的好斗特性，猪群越大，这种现象越明显。因此，要保持动物交往中能够相互识别，就应与群内头数相适应。一般情况下，猪群以 20 头为宜，如果群体头数过多(超过 25 头)，超过猪的记忆能力，就会增加群体内个体间的争斗频率，进而影响休息和吃食，这也是我们在饲养管理中应注意的问题。

8.母性行为

母猪的母性行为包括分娩前后母猪的一系列行为，如临近分娩，母猪常会衔草做窝，分娩前 24 小时内，母猪表现为精神不安、频频排尿、拱地、起卧不定等现象。分娩时间一般在下午 4 点以后或夜间。分娩和哺乳时，母猪一般采用侧卧方式。

母子之间通过嗅觉、听觉和视觉相互联系，母猪确认仔猪，仔猪确认母猪和固定奶头，非常准确，即使在很复杂的情况下也不会弄错。为保证种族的繁衍，母猪会尽力抚育仔猪，保证其成活，如母猪

整个分娩过程中，自始至终都处在放奶状态，并不停地发出哼哼的声音。母猪每次哺乳前会选一个靠墙的安全地方，用嘴将小猪拱开，慢慢卧下，以免压伤小猪。如果一旦压住，母猪会立刻站起来，重做一次，保证不会压坏小猪。母猪在整个分娩过程中会以充分暴露乳房的姿势躺卧，哺乳中间不转身，以利小猪吃奶。而当仔猪受到威胁时，母猪会表现出特殊的勇气和拼命牺牲精神。如面对外来的侵犯，母猪会发出吼声警告，并且张开两颌对来犯者发出威吓，甚至进行攻击。

环境因素对母猪母性行为的表现具有一定的影响。如笼养狭窄的分娩环境会导致血清催产素水平降低和仔猪排出时间延长。母猪这种特定的母性行为在现代高密度养猪业中表现不完全但没有发生本质性改变。狭窄的环境约束了母猪的自由并对其产生一定的压力，影响母猪衔草做窝，对母猪的分娩产生很大的负面作用，导致母猪母性行为失败，甚至拒绝哺乳，在严重情况下还会出现咬死、踩死和压死仔猪的现象。尤其是母猪分娩后 24 小时之内是一个极不稳定的时期，在这个不稳定的时期一旦有不良应激产生，很容易出现母猪咬死小猪的现象。

9.性行为

猪的性行为包括分娩发情、求偶和交配等行为。性成熟以后的种猪在发情期和配种时，可以见到特异的求偶表现。如发情母猪表现出卧立不安，食欲忽高忽低，发出特有的音调——柔和而有节律的哼哼声，爬跨其他母猪，或等待其他母猪爬跨，频频排尿，尤其是公猪在场时排尿更为频繁。发情中期，是母猪性欲高度强烈时期，当公猪接近时，调其臀部靠近公猪，闻公猪的头、肛门和阴茎包皮，紧贴公猪不走，甚至爬跨公猪，最后站立不动接受公猪爬跨。管理人员用手压母猪背部时，立即出现呆立反射，这种呆立反射是母猪发情的一个关键行为。有些母猪表现出明显的配偶选择，如对个别公猪表现出强烈的厌恶；有些母猪由于内激素分泌失调，表现出性行为亢进，或不发情和发情不明显。

公猪一旦接触母猪，也会表现出一些交配前的行为，如追逐母猪，嗅其体侧肋部和外阴部，把嘴插到母猪两腿之间，突然往上拱动母猪的臀部，口吐白沫，往往发出连续的、柔和而有节律的喉音哼声，有人把这种特有的叫声称为“求偶歌声”。当公猪性兴奋时，还会出现有节奏的排尿。公猪由于营养和运动的关系，常出现性欲低下或自淫现象。群养公猪，常造成稳固的同性性行为的习性，群内地位低的公猪多被其他公猪爬跨。

10.异常行为

异常行为是指动物长期受不良刺激或生活在恶劣的环境中所表现出的有悖于其生物学习性的行为。换言之，动物的异常行为超出了其正常种属的行为表达范围。在目前集约化养猪条件下，猪除了表现出正常生物学习性外，由于人为、环境、遗传等因素，猪也表现出相互争斗、闹圈、咬头尾及母猪规癖等很多反常行为，这些异常行为会对猪的生长和繁殖等产生不利的影响。如长期圈禁、限位栏饲喂的母猪在单调、无聊、狭小的空间狂躁地在栏笼前不停地咬栏柱、咬嚼自动饮水器的铁质乳头或空嚼等所谓的母猪规癖行为（是指动物经常表现一种不断重复的、在形式上表现一致并且无明显功能的行为）。饲养密度增加，猪发生的攻击频率也增加。有些神经质的母猪产后会出现食仔现象。营养缺乏和环境拥挤出现的咬尾等现象会给生产带来极大危害。

猪异常行为是多因素综合作用的产物，其产生原因多与猪的生存环境和行为受到限制密切相关，表明猪长期处于一种心理痛苦或应激状态环境之中，不但不能满足其功能上的需要，而且还可能导致其代谢加快、饲料转化率降低、猪健康状况及生产性能下降等不利影响，会给养猪业带来不同程度的经济损失。

11.后效行为

猪出生后获得的识别事物和听人指挥等条件反射行为,又称“后效行为”或“印记行为”。后效行为是猪出生后对新事物熟悉后便建立较固定的认识,包括辨别、接近、伴随等学习过程。猪对吃、饮的记忆力很强,能准确记住睡窝、食槽、饮水器、排泄点的位置,以及定时喂料、给水的笛声、铃声、敲打声。一般来说,猪的适应能力很强,对各种环境都能较好地适应,通过训练,均能建立良好的后效行为。

饲养员根据猪的行为类型,可以在生产中对其加以运用和训练,使猪更能适应现代化的管理方法。当然,我们不可忽视人的行为和活动对猪行为习性的影响。据研究,猪对饲养员不熟悉和饲养员的有害操作,会使猪产生不快和恐惧等心理及不良行为反应,所以,对饲养活动中,饲养员应采取正确的亲和友善的行为。如通过抚摸和搔抓猪的头部或用手喂点饲料,猪不仅能很快学会操作性条件反射,同时,可使饲养员注意到猪或猪群行为的变化,从而得以迅速预防猪性能受到不良的影响,还可以克服因人为造成猪的不利行为所带来经济上的损失。这也是管理现代化猪场的一个重要方面,对提高养猪生产的经济效益有一定意义。

三、猪的福利

猪的福利是指人类在合理利用动物的同时,尽量保证动物享有最基本的权利,改善动物的生存状况和康乐程度,使动物尽可能免除不必要的痛苦,从而实现善待动物,最大限度地发挥动物的作用,促进生态平衡和让动物更好地为人类服务的目的。

1.动物福利的概念、内涵及其发展

动物在生物圈中进化与适应自然界的能力仅次于人类,有些方

面甚至超过人类(如猪的味觉与嗅觉等)。在18世纪初,欧洲一些学者提出:动物和人类一样,是有感知、有痛苦、有恐惧、有情感需求的,这是动物福利(Animal Welfare)思想的起源。1976年,美国人Hughes提出了“动物福利”的概念:在农场中饲养的动物应处于精神和生理完全健康的状态,并与其所处环境保持协调一致。动物福利可简单分为身体福利和心理福利两大类,但它们之间有许多复杂的相互作用,其中身体福利的许多要求与动物的良好的生物和经济行为的要求是一致的,如健康无病、足够的给料以及良好环境居住条件等,因而身体福利容易被饲养者发现和处理。而心理福利则不易观察和评价,如因环境陌生、被人或其他猪攻击而导致的恐惧心理;再如人为了选择和控制环境的需求而改变动物的先天行为方式等,这些伤害福利的心理应激在身体健康的外表是不易看到的。这正是我们所说的不良的身体状况是一种伤害动物身体福利的指征,但没有健康问题并不一定意味着福利就是好的。

保护动物福利运动发起于西方发达国家。1822年,英国国会通过了世界上第一部反对虐待动物的法律——《马丁法案》,被称为动物保护与动物福利史上的一座里程碑。1850年,法国通过了反对虐待动物的《格拉蒙法案》。早在1974年,欧盟便制定了宰杀动物的法规,要求在宰杀活猪、活羊和活牛之前,先用电棒将其击晕,让动物在无知觉的情况下走向生命终点。1979年的《保护屠宰用动物欧洲公约》中规定:“各缔约国应保证屠房的建造设计和设备及其操作符合本公约的规定,使动物免受不必要的刺激和痛苦。”1997年,瑞典制定了强制执行的《牲畜权利法》,规定饲养者不能用过于拥挤和窄小空间进行动物养殖,且猪要有稻草铺以便休息。1999年,英国禁止将妊娠母猪单个限定在定位栏内;2003年,英国还专门颁发了《猪福利法规》,对养殖户饲养猪的猪圈环境、喂养方式等作了细致规定;2004年2月14日,英国把依据欧盟这项指导条例制定的《农畜动物福利规定》

正式付诸实施。且新的规定还配合欧盟条例，增加了给猪“玩具”的条文，以避免猪觉得生活枯燥。2013年，欧盟在其成员国实施禁止限位圈养母猪模式。在亚洲的新加坡、马来西亚、泰国、日本等国和我国香港、台湾地区也都在20世纪完成了动物福利立法。我国对动物福利的立法较晚，但在《中华人民共和国畜牧法》及《野生动物保护法》，以及2006年颁布实施的《实验动物管理条例》等有关法律中均已写入动物福利条款，这是中国动物福利养猪的一大进步。目前，已有100多个国家建立了比较健全的动物福利法规。至2004年，世界动物健康组织(OIE)成立两年就已经有167个成员国，在WTO的谈判协议中也写入了动物福利条款。由此可见，保护动物和尽一切可能保留生物的多样性已在世界各国达成共识。

2.猪福利的要求

强调动物福利，不是说人类不能利用动物，而是应该合理、人道地利用动物资源，要尽量保证动物应享有的最基本的权利，反对虐待动物，在开发、利用动物过程中避免使动物承受不必要的痛苦。也就是说，在猪的饲养和利用过程中，应尽可能创造各种条件满足猪的生存需要，使其能够在无任何疾病、无行为异常、无心理紧张压抑和痛苦的条件下，满足其自身生理和心理上都达到一种健康快乐的基本需求。这种基本需求包括三个方面:维持生命需求、维持健康需求、维持舒适需求。在现代养猪生产实践中，生产管理者只重视前两个需求，往往忽视第三个需求，而动物福利正是要最大限度地强调第三个需求的作用。猪福利饲养须遵循五项基本原则和要求，如表2-3。

表 2-3 猪福利五项基本要素、原则和要求

要　素	原　则	要　求
生理福利	免受饥渴的自由	自由接近饮水和饲料，无营养不良，以保持身体的健康和充沛的活力
环境福利	免受不适生活环境的自由	必须提供自由合适的环境，无冷热和生理上的不适，不影响正常的休息和活动
卫生福利	免受痛苦伤害和疾病威胁的自由	饲养管理体系应将损伤和疾病风险降至最小限度，对动物应采用预防或快速诊断和治疗的措施，一旦发生情况时便于立即识别并进行处理
行为福利	享有表达自然天性行为的自由	提供足够的空间，合理的设施及同类动物伙伴
心理福利	免受恐惧和压抑的自由	确保具有避免精神痛苦的条件，并予以救治，应提供必要条件使动物表现出在物种进化过程中获得强烈动机所要实施的行为

3.环境因素对猪福利的影响

经过几千年的进化，猪与其生存环境之间形成了十分复杂的关系。在适宜的环境条件下，猪体产生的应答是自然天性（即行为习性）的表露，而在不适环境因素条件下，为了协调与其生存环境的一致性，猪机体对各种环境因素的刺激进行调节，以求适应当前环境（包括物理环境和生态环境）。这种应激反应使得猪体在生理和行为上会产生异常的表现，不良的环境条件，在伤害心理福利的同时，表现出异常行为。因而，猪的自然行为能否正常表达与猪的生存环境

是否适宜密切相关。福利养猪的基本准则是满足猪对环境的需求，满足猪的正常行为需求，保持猪的健康心情。但在现代养猪生产中，随着养猪规模的扩大、集约化程度的提高，导致环境恶化，应激因素增多。同时，现代育种技术的采用，又使猪的抗逆性变差。因此，为猪创造适宜环境就显得尤为重要。

(1)温度对猪福利的影响　猪是体温为39℃的恒温动物，在环境温度适宜时，仔猪躺卧自然，或舒服地休息，或活泼地运动。如在环境温度稍低于猪的适宜温度时，猪就会通过趴卧姿势与之相适应。但过低的环境温度会使仔猪所保存的有限能量遭受严重损失，影响仔猪对初乳的摄取和降低对疾病的抵抗力。这是由于温度过低时，群猪会蜷曲身体、拥挤在一起以抵御寒冷，如果这种环境应激增强到一定程度，猪体内通过垂体一肾上腺轴的作用释放肾上腺皮质激素，引起猪免疫系统产生应答反应，使得猪体对某些病原体的敏感性增强，导致猪处于一种精神不佳或致病状态(如感冒等各种病症)甚至受冻死亡。高温对猪产生的危害远大于低温的影响。因猪体表散热功能较差，高温环境可以使猪食欲下降，口渴、饮水增加，生长性能和繁殖性能显著下降。夏季高温常导致猪受热应激而突然死亡。此外，猪舍内小环境温度的昼夜变化不可过大，研究表明，昼夜温差达到12℃就会对猪生长造成应激。减少热应激对猪的伤害是猪场度夏的重要任务。

(2)湿度对猪福利的影响　畜舍空气湿度是指畜舍内空气中水汽含量多少的指标，常用“相对湿度”(relative humidity)来表示。猪舍内空气中的水除来自室外大气外，还来自猪皮肤、呼吸道、潮湿地面、粪尿、潮湿垫料等的水分蒸发。在通常条件下，畜舍内空气中的水汽含量总是大于舍外大气的水汽含量。猪舍中适宜的相对湿度为50％～75％。舍内湿度过高或过低对猪的健康与生产力均有不良的影响。湿度对猪的危害在等热区是不明显的，而与气温组合在一起却呈现叠加的危害性。

在高温高湿环境中，由于高湿度的参与，会加重高温对猪福利的危害，如猪舍内微生物繁殖加快，猪体从环境中摄入的病原微生物相对增多；猪在高热高湿环境中胃肠消化液分泌减少、免疫力下降，极易诱发胃肠炎与相关传染病（如仔猪黄白痢、血痢等）。高湿能促使致病性真菌、细菌和寄生虫的繁殖滋生，降低猪的抵抗力，使猪的疥癣、湿疹、耳坏死综合征、猪痘等皮肤病增多且危害加重；种猪的腐蹄病、芜蹄及其他变形蹄等蹄病增多。此外，高温高湿的环境使多种霉菌在饲料中快速繁殖，使猪中霉菌毒的概率升高，霉菌毒素主要侵害猪的免疫与生殖系统，且这种不利影响常常是复合性的。在低温高湿环境中，高湿增加了空气的热容量、导热性以及机体放出的长波辐射，猪体表热量的蒸发加大（与同温度下干燥环境相比），降低了猪体表实际感应温度，加剧了低温对猪的冻害（尤其是仔猪）。因而，更易诱发腹泻与消化道的传染病以及肺炎；猪更易起堆，伤残死亡率上升；自洁行为紊乱，管理难度加大。

而相对湿度过低，使其舍内具有生物活性的尘埃飞扬加剧，浮游时间延长，尘埃中病原的积累增多，致病性加大。低湿度使上呼吸道黏膜蒸发加大，黏膜变得干燥，血流量减少，巨噬细胞与自然杀伤细胞在黏膜表面的分布减少，防御功能下降，易诱发肺炎，以及与呼吸系统有关的传染病。

猪舍湿度因生产工艺、饲养管理方式、猪舍类别等不同而差异很大。例如，采用水泡粪（粪便在缝隙地板下的粪沟中经 1～3 个月的浸泡后排放）、水冲清粪工艺的猪舍内湿度明显高于干清粪工艺的猪舍；采用水槽饮水、管理差的猪舍（如饮水器漏水，粪便不及时清除等）湿度高于采用饮水器饮水、管理好的猪舍。由于我国规模化猪场猪舍设计不合理，保温隔热性不理想，加之畜牧工程技术配套性差，导致猪舍环境控制程度低，小气候环境稳定性差。我国许多地区往往出现夏秋季节舍内持续高温高湿，冬春季节舍内低温高湿，甚至于出现“贼风”，更加恶化了猪舍的环境。

(3)空气质量对猪福利的影响　空气的新鲜度对猪群健康十分重要，在猪舍空气中，除了氧气、二氧化碳和大量粉尘外，还含有一定量的氨气、硫化氢等有害气体，其中粉尘和各种有毒害气体是猪舍中危害最大的因素。如氨气易溶于水呈碱性，刺激猪眼睛、呼吸道黏膜，引起结膜炎、肺炎，严重时出现肺水肿。氨气由肺泡进入血液，与血红蛋白结合，破坏血红蛋白的携氧能力，引起组织缺氧。低浓度氨气可使呼吸和血管中枢兴奋，高浓度氨气可使中枢神经系统麻痹，引起中毒性肝病和心肌损伤。低浓度氨气长期作用时，可导致猪的抵抗力降低，发病率和死亡率升高，生产率下降。猪舍氨气要求不超过 25 毫克/立方米。而猪舍中高浓度的 H_2S 可使猪畏光、流眼泪，发生结膜炎、咳嗽，体质变弱，抵抗力下降，增重缓慢，严重者窒息而死。研究表明，H_2S 浓度为 30 毫克/立方米时，猪变得畏光、丧失食欲、神经质；浓度高于 80 毫克/立方米时，可引起呕吐、恶心、腹泻，乃至死亡等。各类猪舍中 H_2S 含量均不得超过 10 毫克/立方米。

猪舍粉尘多来自粪便、饲料和猪的皮、毛等，其中有机尘粒可占到 50%或更高。这些尘埃来源多，尘埃微粒飘浮在空气中，不仅导致猪舍内阳光紫外线弱，且可作为载体吸附大量致病微生物，如霉菌孢子、放线菌、葡萄球菌、链球菌、丹毒、破伤风杆菌等，在有疫病流行的地区，空气中还会有相应的病原微生物。故猪舍内空气微生物含量远比大气高，且因通风情况、猪群种类、饲养密度、饲养方式、卫生状况等的不同而差异较大。高浓度的粉尘可引起猪群的呼吸道疾病，同时，粉尘在空气中飘浮也是多种流行病爆发的传染源。尤其在猪群的密度较大、舍内通风不良时，会增加猪舍内有害气体的含量，这不仅影响猪的生长性能，对猪的健康和福利都有严重的影响。不同猪舍空气中的尘埃含量分别为：产房和保育猪舍不得大于 1.0 毫克/立方米，育肥猪舍不得大于 3.0 毫克/立方米，其他猪舍不得大于 1.5 毫克/立方米。各类猪舍中的细菌总数均不得高于 2.5 万个/立方米。

(4)光照对猪福利的影响保持一致 光照过强和光照时间过长,会引起猪的神经兴奋;活动过多,代谢过强,则会造成增重、饲料转化效率降低和眼睛疲劳。光照强度不足和光照时间过短,常使生长发育受阻,如接受48lx光照的生长育肥猪比接受77lx光照的生长育肥猪出栏体重要低。此外,光照对猪的繁殖性能和抗病力具有一定的影响,光照强度不足,性成熟推迟,性机能减弱,抵抗力降低。适当的光照强度和光照时间可增强机体的代谢机能和氧化过程,加速蛋白质和矿物质的沉积,提高猪的采食量,促进生长发育,并可提高繁殖力和抗病力。欧盟规定,每天必须给猪提供8小时不低于40lx的光照。

(5)猪舍(栏)设计对猪福利的影响 在现代集约化的生产体系中,对猪舍(栏)的设计只强调提高养猪生产的效率,却忽视了猪的福利和健康。如为了清粪的方便和尽量保持舍内的卫生,采用水泥地面和全部(或局部)的漏缝式地面,虽可避免猪体与粪便接触,减轻了清粪工作强度,减少了通过粪便感染病原菌和寄生虫的机会,但该类地面既凉又滑,常导致动物的摔倒、瘸腿及关节炎等,对断奶前的仔猪危害更大。

在自然条件下,猪通常在一天中的大部分时间里都在不断地搜寻食物,而养猪场内多采用小栏圈养肉猪或单笼饲养种猪,猪被饲养在面积狭小、设施单调的围栏中,只能在有限的空间里进行重复的动作,环境单调,不仅满足不了猪的探究行为,而且猪的自然天性诸如啃咬、拱土等行为受到抑制,从而导致猪身体的某些部位(如耳、蹄及尾巴)就成了玩耍的对象,咬尾、咬耳等异常行为随即产生。此外,圈养也会明显造成慢性应激反应等不良反应,使得猪体内氮代谢出现糖异生和代谢损耗的变化。单体限位栏饲喂使得母猪不能自由转向,对其生理和行为均产生巨大影响,会经常表现啃咬栏杆、无食咀嚼或犬坐等规癖行为。研究表明,这样的单调环境还会引起母猪的

繁殖率下降10%。

因此，在集约化生产方式下，应重视猪舍（栏）的设计，满足猪群同时侧躺所需要的空间，地面材料和结构应确保猪蹄健康，如采用漏缝地板，地板宽度：小猪为11毫米；断奶仔猪为14毫米；饲养的小母猪为18毫米；散养后的母猪为20毫米。猪圈内至少有1/3的地表面必须是实地且易于排污。为动物提供丰富环境能够降低争斗行为的发生率，满足猪的正常行为需求，保持猪的健康，如提供垫草、啃咬材料、玩具，以减少或消除异常行为。

(6)饲养密度对猪福利的影响　饲养密度与其活动空间相关，饲养密度过大，使猪没有足够活动和休息的地方，影响采食、休息和睡眠。同时，因生存的空间不足（如每头猪1.2米^{2}或小于1.2米^2），为了减少行为动机造成的压力和密度过大的应激，猪的行为产生转移，导致了异常行为的发生，如过度拥挤，则咬尾、个体间攻击行为增加。这不仅会加大非生产性能量消耗，降低猪的增重和饲料利用率，而且对猪的生理和身体健康会产生危害。相反，密度过小，对圈舍利用不经济，加快猪体热能的散失，对生产也是不利的。保障猪的行为能适应的空间距离，是有效提高猪舒适度和生产力的重要条件。试验研究表明，在限制饲养条件下，育肥猪每栏饲养8～12头，效果最好。每头占栏面积，体重30～50千克阶段的以0.45～0.6平方米/头，51～100千克阶段的以0.8～1平方米/头为宜。在自由采食条件下，每栏饲养头数可以增加到16～20头。

20世纪70年代以来，养猪生产逐渐由传统的小规模散养方式向集约化、工厂化生产方式转变，这种现代集约化生产工艺，虽然有利于简化管理，降低成本，有效地提高养猪生产效率，但是却忽视了猪的福利，使得猪的生理、行为增加、习性等与环境缺乏和谐，应激发生率增多，抗病力减弱，进而导致各种异常和规癖行为增加、猪病多发、死亡率高，生产性能下降等一系列问题发生。因此，重视强化猪生存环境的温度、湿度、通风换气及卫生等环境因素的管理控制，结合动物学特性和行为习性改进生产工艺，倡导福利养猪。这不仅是提高其生产性能和经济效益的重要途径，也是降低规模化、集约化风险，有效防控猪场疫病和环境污染，实现猪群健康和生产安全猪肉的基本保障。

第三章

猪的饲料与饲料配合

饲料是满足一切动物营养需要、维持生命活动和生产动物产品的物质基础。猪肉产品都是猪采食饲料中的养分经体内转化而产生的，只有了解各种饲料原料的性状、营养成分的特点，按照猪营养标准生产各种混合饲料，满足其自身的生长、繁殖和形成高质量猪肉产品的营养需要，才能提高饲料的利用效率，这对现代养猪生产是十分重要的。

一、猪的常用饲料原料

1983年，中国农业科学院畜牧研究所，根据动物营养科学和饲料工业的发展，以及国际饲料命名及分类原则，按饲料营养特性分为粗饲料、青贮饲料、能量饲料、蛋白质饲料、矿物质饲料、维生素饲料、添加剂等8大类。我国幅员辽阔，饲料资源十分丰富，虽然上述8大类饲料在我国农村养猪生产中均有应用，但在现代集约化、规模化养猪生产中，猪饲料供应主要是精饲料，也就是由能量饲料、蛋白质饲料、矿物质、维生素和各种添加剂配制而成的混合饲料。现根据饲料分类标准将8大类饲料的特性和种类分述如下。

1.能量饲料

能量饲料是指在绝干物质中，粗纤维含量低于18%，粗蛋白质含量低于20%，天然含水量小于45%的谷实类、糠麸类等饲料。常用能量饲料包括谷实类及糠麸类饲料，通常用量占猪日粮的60%左右，是猪饲料的主要组成部分。谷实类饲料营养特点是淀粉含量高，粗纤维含量低，可利用能量高；缺点是蛋白质含量低，氨基酸组成上缺乏赖氨酸和蛋氨酸，缺钙及维生素A、D，磷含量较多但利用率低。而糠麸类饲料包括碾米、制粉加工的主要副产品。同原粮相比，糠麸类饲料除无氮浸出物含量较少外，其他各种养分含量都较高。米糠和麦麸的含磷量高达1%以上，并含有丰富的维生素B族。因粗纤维含量较高，故消化率低于原粮，糠麸中的含磷量虽然较多，但其中植酸磷占70%，吸水性强，易发霉变质，不易贮存。

(1)玉米 玉米是谷实类饲料的主体，是猪最主要的能量饲料，含淀粉多，消化率高，每千克干物质含代谢能13.89兆焦，粗纤维含量很少，且脂肪含量可达3.5%～4.5%，所以玉米的可利用能高。如果以玉米的能值作为100，那么，其他谷实类饲料均低于玉米。玉米含有较高的亚油酸，可达2%，占玉米脂肪含量的近60%，玉米中亚油酸含量是谷实类饲料中最高的。玉米蛋白质含量低，氨基酸组成不平衡，特别是赖氨酸、蛋氨酸及色氨酸含量低。玉米的维生素A的含量较高，维生素E含量也不少，而维生素D、K几乎没有，水溶性维生素除B_1外均较少。此外，玉米还含有β-胡萝卜素、叶黄素等，尤其黄玉米含有较多的叶黄素，这些色素对皮肤、蹄的着色有显著作用。玉米营养成分的含量不仅受品种、产地、成熟度等条件的影响，而且也受玉米水分含量的影响。玉米水分含量很高，因此容易腐败、霉变，容易感染黄曲霉菌。玉米经粉碎后，易吸水、结块、霉变，不便保存。因此一般玉米要整粒保存，且贮存时水分应降低至13%以下。

不同谷物籽实因养分组成不同，饲用价值亦不同，如以玉米的饲用价值为100，其他籽实的相对价值见表3-1。

表 3-1 常用谷类饲料的饲用价值

种类	鸡	猪	牛	羊
玉米	100	100	100	100
大麦	80～85	88	90	85～95
小麦	90	100～105	100～105	90～95
高粱	95	95	90～95	100

(2)高粱　高粱的籽实是一种重要的能量饲料。去壳高粱与玉米一样，主要成分为淀粉，粗纤维少，可消化养分高。高粱粗蛋白质含量与其他谷物相似，但质量较差，含钙量少，含磷量较多，胡萝卜素及维生素D的含量少，维生素B族含量与玉米相当，烟酸含量多。高粱中含有单宁，有苦味，适口性差，猪不爱采食，因此，猪日粮中应不超过15%。单宁主要存在于壳部，色深者含量多。所以在配合饲料中只能加到10%～15%，若能除去单宁，则可加到70%。由于高粱中叶黄素含量较低，故影响皮肤、脚等着色。使用单宁含量高的高粱时，还应注意添加维生素A、蛋氨酸、赖氨酸、胆碱和必需脂肪酸等。

(3)小麦　我国小麦的粗纤维含量和玉米接近，为2.5%～3.0%。粗脂肪含量低于玉米，约2.0%。小麦粗蛋白质含量高于玉米，为11.0%～16.2%，是谷实类中蛋白质含量较高者，但氨基酸含量较低，尤其是赖氨酸含量低。小麦的能值较高，为12.89兆焦/千克。小麦与玉米一样，钙少磷多，且磷主要是植酸磷。小麦含维生素B族和维生素E多，而维生素A、D和C极少。因此，在玉米价格高时，小麦可作为猪的主要能量饲料，一般可占日粮的30%左右。但是由于小麦中β-葡聚糖和戊聚糖比玉米高，所以日粮要添加相应的酶制剂来改善猪的增重和饲料转化率。

(4)大麦 大麦是一种重要的能量饲料，粗蛋白质含量约12%，氨基酸组成中赖氨酸、色氨酸、异亮氨酸等的含量高于玉米，特别是赖氨酸，有的品种可达0.6%，比玉米高1倍多，这在谷类中不易多得，是能量饲料中蛋白质品质最好的。消化养分比燕麦高，无氮浸出物含量多。大麦的粗脂肪含量少于2%，不及玉米含量的一半，其中一半以上是亚油酸。钙磷含量比玉米多，胡萝卜素和维生素D不足，硫胺素多，核黄素少，烟酸含量多。大麦中β-葡聚糖和戊聚糖的含量较高，饲料中应添加相应的酶制剂。大麦中含有单宁，会影响日粮适口性。大麦对猪的饲喂价值明显不如玉米，猪日粮中用量一般为20%，最好在10%以下。

(5)米糠 米糠是去壳后的稻谷谷粒在精制成大米的过程中所产生的果皮、种皮、外胚乳和糊粉层等的混合物。稻谷在加工时产生的副产品可分为砻糠、米糠和统糠。砻糠是粉碎的稻壳，统糠是米糠与砻糠不同比例的混合物。一般100千克稻谷可出大米72千克，砻糠22千克，米糠6千克。米糠的品种和成分因大米精制的程度而不同，精制的程度越高，则胚乳中物质进入米糠越多。米糠的粗纤维含量低，是能值较高的糠麸类饲料，且富含维生素B族和维生素E，以及大量的铁和锰等微量元素，适口性好，饲用价值高，但米糠中维生素A、D、C，钙和铜含量偏低。此外，米糠因含脂较高且多属不饱和脂肪酸，天热时易酸败变质，所以可以经榨油制成米糠饼再作饲用。

(6)麸皮 麸皮是小麦生产面粉的副产品，其代谢能值约为6.82兆焦/千克，粗蛋白质约15%，粗脂肪约3.9%，粗纤维约8.9%，灰分约4.9%，钙约为0.10%，磷约为0.92%，植酸磷约为0.68%。小麦麸含有较多的维生素B族，如B_1、B_2、烟酸、胆碱，也含有维生素E。由于麦麸能值低，粗纤维含量高，容积大，不宜用量过多，一般可占日粮的10%左右，可用于调节日粮能量浓度，起到限饲作用。此外，麦麸因含有较高的镁离子而具有缓泄、通便的功能。

(7)块根、块茎及瓜果类饲料 这类根茎瓜类饲料主要包括胡萝

卜、甘薯、木薯、马铃薯、南瓜、饲用甜菜等。它们共同特点是水分含量很高，达 75%～90%，单位重量鲜饲料中干物质含量少，营养成分低。在干物质中粗纤维含量较低，无氮浸出物含量可达 67.5%～88.1%，且大部分是易消化的糖分、淀粉或五聚糖，故根茎瓜类饲料的单位重量的干物质含有的消化能较高，每千克干物质含有 13.81～15.82 兆焦的消化能。具有能量饲料的一般特点，如甘薯、木薯的粗蛋白质含量只有 3.3%～4.5%，且多属非蛋白质态的含氮物质。此外，这类饲料的一些主要矿物质与某些维生素 B 族的含量也不高。

(8)液体能量饲料　液体能量饲料主要是指动物脂肪、植物油、糖蜜、乳清等含能量较高的饲料原料。

①动物脂肪：动物脂肪主要是饱和脂肪酸（占脂肪 95%～97%），在常温下凝固，加热熔化后则成液态。动物脂肪除工业用途外也是一种高能饲料，其含有的代谢能达 35 兆焦/千克，约为玉米的 2.52 倍。添加脂肪可提高日粮的能量水平，并改善适口性，还能减少粉料的粉尘。猪日粮中动物脂肪可占日粮的 6%～8%。用动物脂肪作能源饲料，主要是提高日粮的能量水平，可降低体增热，减少猪炎热气候下的散热负担，夏天预防热应激。

②植物脂肪：大多数植物油脂常温下都是液态。常用植物油包括大豆油、菜籽油、花生油、棉籽油、玉米油、葵花籽油和椰子油等。植物油脂含有较多的不饱和脂肪酸（占油脂的 30%～70%），有效能值可达 37 兆焦/千克。植物油脂主要供人食用，也用作食品和其他工业原料，只有少量用于饲料。

③糖蜜：甜菜制糖业的副产品——甜菜渣是养猪的好饲料。甜菜虽经榨糖，但甜菜渣中仍保留一部分糖，按干物质计算，粗纤维和无氮浸出物含量均相对较高，分别为 20%和 62%左右，可消化粗蛋白的含量较低，约为 4%。因此，甜菜渣的能量含量较高，但蛋白质含量较低。此外，甜菜渣的维生素、钙磷含量不足，特别是钙磷的比例

不当，为了提高甜菜渣的饲养效果，配合日粮时应补充这些养分。

④乳清：乳清是乳制品（奶酪、酪蛋白）加工的液体副产物。其主要成分是乳糖残留的乳清，乳脂所占比例较小。乳清含水量高，不适于直接作配合饲料原料，但乳清经喷雾干燥后而制成的乳清粉是乳猪的良好调养饲料，已成为乳猪代乳饲料的主要成分之一。

2.蛋白质饲料

人们通常将干物质中粗蛋白质含量在20%以上、粗纤维含量小于18%的饲料视为蛋白质饲料，它包括植物性蛋白质饲料、动物性蛋白质饲料、单细胞蛋白质饲料以及酿造工业副产物等。

(1)植物性蛋白质饲料 各类油料籽实的共同特点是油脂与蛋白质含量较高，而无氮浸出物比一般谷物类低。各类油料籽实榨油后的产品通称“饼”，用溶剂提油后的产品通称“粕”，提取油脂后的饼粕产品中的蛋白质含量高，再加上残存不同含量的油分，故一般的营养价值（能量与蛋白质）较高。这类饲料包括大豆饼和豆粕、棉籽饼、菜籽饼、花生饼、芝麻饼、向日葵饼、胡麻饼和其他饼粕等。

①大豆饼和豆粕：大豆饼和豆粕是我国最常用的一种主要植物性蛋白质饲料，营养价值很高，大豆饼粕的粗蛋白质含量在40%～45%之间，大豆粕的粗蛋白质含量高于饼，去皮大豆粕粗蛋白质含量可达50%，大豆粕的氨基酸组成较合理，尤其赖氨酸含量达2.5%～3.0%，是所有饼粕类饲料中含量最高的，异亮氨酸、色氨酸含量都比较高，但蛋氨酸含量低，仅占0.5%～0.7%，故以玉米一豆粕为基础的日粮中需要添加蛋氨酸。大豆饼粕中钙少磷多，但磷多属难以利用的植酸磷。维生素A、D含量少，维生素B族除B_2、B_{12}外均较高。粗脂肪含量较少，尤其大豆粕的脂肪含量更低。值得注意的是由于生大豆中含有胰蛋白酶抑制因子、细胞凝集素、皂角苷、尿素酶等多种抗营养因子，在提油加工时，如果加热不足，毒素不能完全被破坏，导致生豆粕中蛋白质利用率低，而加热过度可导致赖氨酸等必需氨

基酸的变性反应，从而影响利用价值。

②棉籽饼：棉籽饼是棉花籽实提取棉籽油后的副产品，其中含有32%～37%的粗蛋白质，含量仅次于豆饼。棉籽饼是一种重要的蛋白质资源。棉花籽实在生产加工过程中，棉籽壳是否脱去及脱去程度会直接影响棉籽饼中粗纤维及木质素含量，从而直接影响棉籽饼粕可利用的能量水平和蛋白质含量。棉籽饼粕蛋白质组成品质较差，精氨酸含量较高，占3.6%～3.8%，而赖氨酸和蛋氨酸含量偏低，分别为1.3%～1.5%和0.4%左右，且赖氨酸的利用率较差。故赖氨酸是棉籽饼粕的第一限制性氨基酸。棉籽饼粕中维生素含量受热损失较多，矿物质中磷含量高，但多属植酸磷，利用率低。此外，棉籽饼粕中含有游离棉酚，是一种有毒物质，且在动物体内棉酚中毒具有蓄积性，如果棉酚与消化道中的铁形成复合物，就会导致动物缺铁。为了解此问题，可以添加0.5%～1%硫酸亚铁粉和部分棉酚，这既可去毒，又能提高棉籽饼(粕)的营养价值。

③菜籽饼：油菜籽实含粗蛋白质20%以上，榨油后饼粕中油脂减少，粗蛋白质相对增加到30%以上。菜籽饼中赖氨酸含量为1.0%～1.8%，色氨酸为0.5%～0.8%，蛋氨酸为0.4%～0.8%，胱氨酸为0.3%～0.7%，硫胺素1.7～1.9毫克/千克，泛酸8～10毫克/千克，胆碱6400～6700毫克/千克。菜籽饼含毒素较高，主要起源于芥子甙其又称“含硫甙”(含量一般在6%以上)，各种芥子甙在不同条件下水解，生成异硫氰酸酯，严重影响适口性。硫氰酸酯加热转变成氰酸酯，它还会和恶唑烷硫酮一起导致甲状腺肿大。所以，在使用菜籽饼时，要做好去毒处理工作，以保饲料安全。菜籽饼还含有一定量的单宁，会降低动物食欲。“双低”菜籽饼(粕)的营养价值较高，可代替豆粕饲喂猪。

④花生饼(粕)：带壳花生饼含粗纤维15%以上，饲用价值低。去壳榨油的花生饼含蛋白质、能量比较高。花生饼(粕)的饲用价值仅次于豆饼，蛋白质和能量都比较高。每千克花生饼(粕)含赖氨酸

1.5%～2.1%，色氨酸0.45%～0.51%，蛋氨酸0.4%～0.7%，胱氨酸0.35%～0.65%，精氨酸约5.2%。含胡萝卜素和维生素D极少，含硫胺素和核黄素5～7毫克/千克、烟酸170毫克/千克、泛酸50毫克/千克、胆碱1500～2000毫克/千克。花生饼(粕)本身虽无毒素，但易感染黄曲霉产生黄曲霉毒素，因此，贮藏时切忌发霉。用花生饼(粕)喂猪，其所含蛋氨酸、赖氨酸不能满足猪需要，所以必须进行补充，可以和鱼粉、豆饼(粕)等一起饲喂。

⑤玉米蛋白粉及加工副产品：玉米蛋白粉是玉米除去淀粉、胚芽和玉米外皮后剩下的产品。正常玉米蛋白粉的色泽为金黄色，蛋白质含量越高色泽越鲜艳。玉米蛋白粉一般含蛋白质40%～50%，高者可达60%。玉米蛋白粉蛋氨酸含量很高，可与相同蛋白质含量的鱼粉相当，但赖氨酸和色氨酸严重不足，不及相同蛋白质含量鱼粉的25%，且精氨酸含量较高，饲喂时应考虑氨基酸平衡，与其他蛋白质饲料配合使用。由黄玉米制成的玉米蛋白粉含有很高的类胡萝卜素，其中主要是叶黄素(约占53.4%)和玉米黄素(29.2%)，是很好的着色剂。玉米蛋白粉含维生素(特别是水溶性维生素)和矿物质(除铁外)也较少。总之，玉米蛋白粉是高蛋白高能饲料，蛋白质消化率和可利用能值高，尤其适用于断奶仔猪。

除玉米蛋白粉外，其他加工副产品均可以作为蛋白质饲料，如生产粉丝的粉渣，以及酒糟、豆腐渣、酱(醋)渣和糖渣等。但因原料和工艺上的区别，所得的副产物在营养成分的含量上差别悬殊。以干物质计算，各种谷物酒糟、啤酒糟和饴糖渣的粗蛋白质含量在20%以上。酿造和发酵工业副产物的糟、渣类，由于微生物活动而产生大量的B族维生素，糟、渣中的B族维生素丰富，但脂溶性维生素贫乏。

(2)动物性蛋白质饲料

①鱼粉：鱼粉的含水量平均10%，蛋白质含量占40%～70%(进口鱼粉，国产鱼粉)，粗脂肪占5%～12%，钙占5%～7%，磷占2.5%～3.5%，食盐占3%～5%。鱼粉不仅蛋白质含量高，其氨基酸

含量也很高,而且比例平衡。进口鱼粉一般粗蛋白含量占60%以上,赖氨酸含量可达5%以上;国产鱼粉粗蛋白含量约为50%,赖氨酸含量只占3.0%~3.5%。海鱼的脂肪含有高度不饱和脂肪酸,具有特殊的营养作用。鱼粉中灰分含量越高,表明其中鱼骨越多,鱼肉越少。在鱼粉的微量元素中,铁含量最高,可达1500~2000毫克/千克。其次是锌、硒,锌达100毫克/千克以上,硒为3~5毫克/千克,海鱼碘含量高。鱼粉的大部分脂溶性维生素在加工时被破坏,但B族维生素尤其B_2、B_{12}含量高,鱼粉中还含有未知生长因子。猪日粮中鱼粉用量为2%~8%。大量饲喂鱼粉可使猪发生肌胃糜烂,从而使猪肉产生不良的气味,特别是加工错误或贮存中发生过自燃的鱼粉中含有较多的肌胃糜烂素。鱼粉的营养价值因鱼种、加工和贮存工艺不同而有较大差异。鱼粉粗蛋白质含量太低,可能不是全鱼鱼粉,而是下脚鱼粉;粗蛋白质含量太高,则可能掺假。市场销售的鱼粉掺假现象比较严重,掺假的原料主要有血粉、羽毛粉、皮革粉、尿素、硫酸铵等,大多是廉价且消化利用率低、蛋白质含量高的原料,因而起不到应有的饲用价值。

②肉骨粉:肉骨粉的营养价值很高,是屠宰场或病死畜尸体等成分经高温、高压处理后脱脂干燥制成的,饲用价值比鱼粉稍差,但价格远低于鱼粉,因此,是很好的动物蛋白质饲料。据检测,肉骨粉粗蛋白质含量占54.3%~56.2%,粗脂肪占4.8%~7.2%,灰分占20.1%~24.8%,钙占5.3%~6.5%,磷占2.5%~3.9%,蛋氨酸占0.36%~1.09%,赖氨酸占2.7%~5.8%。肉骨粉B_{12}含量丰富,含脂肪较高,最好与植物蛋白质饲料混合使用。仔猪日粮用量不要超过5%,成猪可占5%~10%。肉骨粉容易变质腐烂,喂前应注意检查。

③血粉:血粉是畜禽鲜血经脱水加工而制成的一种产品,是屠宰场主要副产品之一。血粉的主要特点是蛋白质和赖氨酸含量高,含粗蛋白质80%~90%,含赖氨酸7%~8%,含量比鱼粉高近1倍,色

氨酸、组氨酸含量也高。但是血粉蛋白质品质很差，血纤维蛋白质不易消化，赖氨酸利用率低。血粉中异亮氨酸很少，蛋氨酸偏低，因此氨基酸不平衡。不同动物的血粉也不同，混合血的血粉质量优于单一血粉。血粉含钙磷较低，磷的利用率高。微量元素中含铁量可高达 2800 毫克/千克，其他微量元素含量与谷实饲料相近。由于血粉的利用率很低，目前很多厂家将血粉膨化以提高其利用率，效果较好。但是由于血粉味苦，适口性差，氨基酸极不平衡，所以喂量不可过高。

④羽毛粉：水解羽毛粉含粗蛋白质 84%以上，粗脂肪约 2.5%，粗纤维约 1.5%，粗灰分约 2.8%，钙约 0.40%，磷约 0.70%。蛋白质中胱氨酸含量高，达 3%～4%，异亮氨酸含量也比较高，达 5.3%左右，但蛋氨酸、赖氨酸、色氨酸和组氨酸含量很低。羽毛粉的氨基酸利用率很低，变异幅度较大，因而蛋白质品质差。羽毛粉的饲用价值很低，主要用于补充硫氨基酸而且必须与含赖氨酸、蛋氨酸、色氨酸高的其他蛋白质饲料混合使用。

⑤蚕蛹粉：蚕蛹粉蛋白质含量高，平均约 56%，赖氨酸约 3%，蛋氨酸约 1.5%，色氨酸可高达 1.2%，比进口鱼粉高出 1 倍。蚕蛹粉的另一特点是脂肪含量高，达 20%～30%，磷含量丰富，约为0.76%，是钙的 3.5 倍。蚕蛹粉还富含维生素 B 族。在猪日粮中蚕蛹粉主要用于补充氨基酸和能量。

(3)单细胞蛋白质饲料　单细胞蛋白主要是指饲料酵母蛋白，它是利用工业废水、废渣等为原料，接种酵母菌，经发酵干燥而成的单细胞蛋白质饲料。饲料酵母含蛋白质、脂肪低，粗纤维和灰分含量取决于酵母来源。氨基酸中，赖氨酸含量高，蛋氨酸低。酵母粉中维生素 B 族含量丰富，矿物质中钙、磷、钾含量高。饲料酵母的应用效果受日粮类型和酵母种类的影响。酵母的日粮中的用量不宜过高，否则影响适口性、破坏日粮氨基酸平衡、增加日粮成本、降低猪生产性能。

饲料酵母蛋白的饲用应注意的问题是：目前市销的“饲料酵母蛋

白饲料”多是以玉米蛋白粉等植物蛋白饲料作培养基，接种酵母菌后，经固态发酵生产的“含酵母饲料”。这种产品中真正的酵母菌体蛋白含量很低，大多数蛋白仍然以植物蛋白的形式存在，其蛋白品质较差，使用时应与饲料酵母加以区别。

3.粗饲料

粗饲料主要是指干的饲草和秸秕等农副产品。这类饲料体积大、难消化、可利用养分少，干物质中粗纤维含量在18%以上，主要包括干草类、农副产品类（荚、壳、藤、秧）、树叶类、糟渣类等。它的来源广、种类多、产量大、价格低。本类饲料的共同特点是：所含粗纤维高，木质素含量大，它们与纤维素类碳水化合物紧密结合，共同构成植物的细胞壁，从而影响了微生物对纤维素的酶解作用和对细胞内容物的消化作用。这是粗饲料的能量和各营养素消化率较低的重要原因。

干草是青草或栽培饲草在结籽前收割制干而成的粗饲料，干草的营养价值随其生长阶段不同和调制合理与否而有差别，制备良好的干草仍保持青绿颜色，所以也称为“青干草”。粗饲料中，青干草的营养价值最高。如上等苜蓿干草的干物质中含有18%以上的粗蛋白；每千克干物质含能量相当于0.3～0.4千克的粮食；每千克干物质含有200～400毫克胡萝卜素。此外，干草的植物学分类和组成也是决定其营养价值的必然因素。一般禾本科青干草含粗蛋白6%～9%，每千克含可消化粗蛋白40～50克；豆科的苜蓿干草含粗蛋白可高达15%，每千克含可消化粗蛋白100克左右，超过禾谷类精料。但干草的品质与牧草种类、刈割时间、晒制技术有关。一般规律是，随着草的成熟度增加，其粗纤维含量随之增高，同时，蛋白质与含糖量也随之下降，粗纤维的消化率也相应降低。因此，无论是晒制干草还是做青贮都应适时收割，都要兼顾产草量和营养价值两个方面。一般来说，禾本科草在抽穗初期、豆科草在孕蕾期和开花初期收割时，营养价值较高。

4.青绿饲料

青绿饲料包括天然野草、人工栽培牧草、青刈作物和可利用的新鲜树叶等。这类饲料分布很广、养分比较全，而且水分含量在75%以上，适口性好，消化利用率较高，但鲜草的热能值较低，粗纤维含量相对较高(18%～30%)。因此，有条件时可以利用青饲料喂猪，用来降低生产成本，尤其在农村养猪生产养殖中可加以推广利用。

青饲料中蛋白质含量丰富，一般禾本科牧草和蔬菜类饲料的粗蛋白质含量为1.5%～3.0%，豆科青饲料为3.2%～4.4%。含赖氨酸较多，可补充谷物饲料中赖氨酸的不足，青饲料蛋白质中氨化物(游离氨基酸、酰胺、硝酸盐)占总氮的0～60%。氨化物中游离氨基酸占60%～70%，对猪生物利用率较高。但随着植物生长，纤维素增加而蛋白质逐渐减少。

青饲料含粗纤维较少，木质素低，无氮浸出物较高。青饲料干物质中粗纤维不超过30%，叶菜类不超过15%，无氮浸出物在40%～50%，粗纤维的含量随着植物生长期延长而增加，木质素含量也显著增加。一般来说，植物开花或抽穗之前，粗纤维含量较低。木质素增加1%，有机物质消化率下降4.7%。

青饲料中矿物质占鲜重的1.5%～2.5%，是矿物质的良好来源，其中钙磷比例适中，猪的生物利用率高。青饲料中维生素含量丰富，特别是胡萝卜素含量较高，每千克饲料中含50～80毫克，维生素B族、维生素E、C、K含量较多，但维生素B_6(吡哆醇)很少，缺乏维生素D，豆科牧草中胡萝卜素高于禾本科植物。青苜蓿中核黄素含量为4.6毫克/千克，比玉米籽实高3倍，含尼克酸18毫克/千克，含硫酸铵素1.5毫克/千克。

青饲料含有酶、激素、有机酸等，有利于猪的生长及母猪的发情、配种与繁殖，青饲料中有机物质的消化率，猪为85%以上。由于青饲

料具有多汁性与柔嫩性，所以适口性强。青饲料由于含有大量水分，不能贮存而只能鲜喂；豆科青饲料如苜蓿、豌豆秧等不能一次饲喂过多，以免引起腹胀；禾本科高粱属的青饲料，如高粱、苏丹草等，不宜鲜喂，因其含有氰甙，在胃中能形成有毒的氢氰酸。

常用的青绿饲料主要包含天然牧草和野生杂草，品种数量占优势、饲用价值又高的要属禾本科和豆科植物。此外，菊科和莎草科植物中有的也可用作青绿饲料。

青绿饲料在植物生长早期，即幼嫩青草时期，含水多，粗蛋白质相对较高，粗纤维相对较低，各种维生素和矿物质元素含量也较丰富，是天然的养分全面平衡的饲料，但随着生长老化，干茎比例增大，养分的相对含量也发生变化：粗蛋白下降而粗纤维增高，粗纤维中的木质素成分比例大增，这使青饲料的品质和营养价值大为降低。人工播种栽培的青割玉米、紫花苜蓿、三叶草、象草、黑麦草、沙打旺，以及瓜、荚、根类的藤蔓等可食部分和人工栽培的其他牧草植物，如北方的甜菜叶、胡萝卜缨，南方和华北的甘薯藤蔓和花生茎叶，南北方均有的豌豆茎叶和各种瓜蔓等，都是较好的青绿饲料。在有水的地区生长的水生植物，如细绿萍和水葫芦等，也是产量很高的青绿饲料。

综上所述，对于动物营养来说，青饲料是一种营养相对平衡的饲料，但由于青饲料中干物质消化能较低，从而限制了它们其他方面的营养优势。但是在农村小规模养猪生产中，青饲料与由它调制的干草都可以作为猪的补充饲料。青绿饲料虽然水分含量高，营养浓度偏低，但对猪来说可大量饲喂。青绿饲料是猪维生素的最佳补充饲料，经常饲喂可使猪健康成长。但要注意清洗和消毒，以防寄生虫和病菌。

5. 青贮饲料

青贮饲料是用新鲜植物经过贮存而做成的饲料。青贮饲料在厌氧条件下，使乳酸菌大量繁殖，产生乳酸，从而抑制其他腐败菌的生长，可较好地保存青饲料的营养特性，而且气味酸甜、柔软多汁、营养丰富。青贮饲料的营养价值取决于青贮原料的质量和制作技术的高低。养分的损失比晒成干草要少，一般损失不超过15%，并能保持饲料的多汁性，加上发酵后的酸香味，故适口性很好。这类饲料包括加有适量糠麸或其他添加物的青贮饲料及水分含量在45%或45%以上的半干青贮饲料。

很多青绿饲料都能制作青贮饲料，其中以含糖量较多的青绿饲料效果最好。禾本科牧草、青贮作物如全株青玉米、苏丹草、块根、甘薯藤等都是青贮的好原料。天然牧草青贮：天然牧草资源丰富，以前人们将其晒成干草贮作冬草，但为了减少养分损失，我们认为推广青草青贮更好。青草青贮养分损失为10%～15%，保留了较多的蛋白质和胡萝卜素。我国南方山地草场面积较大，由于降雨量多，晒制干草很困难，并且养分损失很大，因此大力推广青草青贮是解决南方青绿补充的重要途径。豆科牧草青贮：豆科牧草，如苜蓿、草木樨等，因蛋白质含量高，含糖量少，所以，单用豆科牧草做青贮容易腐烂，须用其他含糖较高的禾本科青饲料与豆科牧草进行混合青贮。

从常规营养成分来看，青贮饲料尤其是低水分青贮饲料，含水量大大低于同种青饲料。因而以单位鲜重所提供的营养物质数量来讲，青贮饲料并不比青饲料逊色。青贮尤其能有效地保存青绿植物中蛋白质和维生素（胡萝卜素），具有酸香味、柔软多汁、鲜嫩而适口性好、消化率高的优点。干草含水量只有14%～17%，而青贮饲料含水量达70%，使用青贮饲料要由上层取，不能掏坑，要及时将周边的霉腐变质青贮饲料清除掉，且每次取后应将塑料膜覆盖好，减少污染，确保猪采食的是新鲜青贮饲料。

6.矿物质饲料

矿物质饲料是补充动物矿物质需要的饲料。它包括人工合成

的，天然单一的和多种混合的矿物质饲料，以及配合在载体中的痕量、微量、常量元素补充料。在各种植物性和动物性饲料中都含有动物所必需的矿物质，但往往还是不能满足动物生命活动的需要量，因此，应补充相应的矿物质饲料。

(1)含钙磷饲料

①石粉：石粉是天然的碳酸钙，主要成分是石灰石粉。石粉中含纯钙 35%以上，是最廉价、最方便的补钙饲料。品质良好的石灰石粉，含有约 38%的钙，但镁含量不超过 0.5%，铅、砷、氟的含量不超过安全系数。

②石膏：石膏的化学式为 $CaSO_4 \cdot 2H_2O$，呈灰色或白色结晶性粉末。石膏有两种产品，一种是天然石膏的粉碎产品，一种是磷酸制造工业的副产品，后者常含有大量的氟，应予注意。石膏的含钙量在 20%～30%之间，变动较大。此外，大理石、熟石灰、方解石、白垩石等都可作为猪的补钙饲料。

③蛋壳和贝壳粉：新鲜蛋壳与贝壳(包括蚌壳、牡蛎壳、蛤蜊壳、螺丝壳等)烘干后制成的粉含有一些有机物，如蛋壳粉含粗蛋白质达12.42%，含钙达 24.4%～26.5%。用鲜蛋壳制粉应注意消毒以防蛋白质腐败，以及由此带来的传染病，贝壳也有同样的问题。但在海滨堆积多年的贝壳，其内部有机质已消失，是良好的碳酸钙饲料，贝壳含碳酸钙约96.4%，折合含钙量 38.6%。微量元素预混料常使用石粉或贝壳粉作为稀释剂或载体，而且所占配比很大，配料时应把它的含钙量计算在内。

④骨粉：骨粉是以家畜骨骼为原料，经蒸汽高压蒸煮灭菌后再粉碎而制成的产品。骨粉含钙 24%～30%，磷 10%～15%。骨粉品质因加工方法而异，选用时应注意磷含量和防止腐败。

⑤磷酸氢钙：磷酸氢钙又称为“磷酸二钙”，为白色或灰白色粉末。在将磷酸氢钙作为猪饲料时，要注意它的化学成分：含钙不低于 23%，含磷不低于 18%，含铅量不超过 50 毫克/千克，含氟量不宜超过 0.18%。磷酸氢钙的钙磷利用率高，是优质的钙磷补充料。猪日

粮的磷酸氢钙不仅要控制其钙磷含量，还要注意含氟量。猪日粮中所用钙磷补充料，在选用或选购时应考虑下列因素：①纯度；②有害元素含量；③物理形态如比重、细度等；④钙磷利用率和价格等，以单位可利用量的单价最低为选购原则。

(2)含氯、钠饲料　钠和氯都是促进猪生长所需要的重要元素。食盐中含氯60%，含钠40%，若是碘盐，还含有0.007%的碘。研究表明，食盐的补充量与动物种类和日粮组成有关。饲料用盐多为工业盐，含氯化钠95%以上。食盐不足可引起食欲下降，采食量降低，生产性能下降，并导致异食癖。食盐过量时，只要有充足的饮水，一般对猪健康无不良影响，但若饮水不足，可出现食盐中毒。使用含盐量高的鱼粉、酱渣等饲料时应调整日粮食盐添加量。

(3)微量矿物质补充料　猪必需微量矿物元素有铁、铜、锌、锰、钴、碘、硒、钼、氟。其中，前7种微量元素在猪营养中的作用最大。加入这些微量元素的矿物质饲料称为“微量元素补充料”。由于猪对微量元素的需要量少，且与最高限量之间差距较大，故稍微超量混合，也不会引起严重后果。通常作为添加剂加入饲粮中的矿物质补充料主要为硫酸盐、碳酸盐、氯化物，这些矿物质氧化物较少。近年来，微量元素的有机酸盐和螯合物受到人们重视，目前常用的有机态微量元素有蛋氨酸锌、蛋氨酸锰、蛋氨酸铁、赖氨酸锌及赖氨酸铜等。此外，一些天然矿物质，如麦饭石、沸石、膨润土等，它们不仅含有常量元素，更富含微量元素，并且由于这些矿物质结构的特殊性，所含元素大都具有可交换性或溶出性，因而容易被动物吸收利用。研究证明，在饲料中添加麦饭石、沸石和膨润土可以提高猪的生产性能。

7.维生素饲料

维生素是最常用也是最重要的一类饲料添加剂。维生素添加剂主要用于对天然饲料中某种维生素的补充。其目的是提高猪的抗病或抗应激能力、促进猪的生长、改善猪产品的产量和质量。由于各种

维生素化学性质不同，生理营养功能各异，所以还不能对十几种维生素进行科学分类。目前依其溶解性将维生素分成两类：脂溶性维生素和水溶性维生素。前者包括维生素 A、D、E、K，后者包括全部维生素 B 族和维生素 C。脂溶性维生素只有碳、氢、氧三种元素，而水溶性维生素有的还有氮、硫和钴（表 3-2）。

表 3-2 猪对微量元素需要量和饲料中最高限量（毫克/千克）

元素	用量	仔猪	生长肥育猪	常用原料	特性
铁（Fe）	需要量 最高限量	78～165 3000	37～55 3000	硫酸亚铁（$FeSO_4 \cdot H_2O$） 碳酸亚铁（$FeCO_3 \cdot H_2O$） 三氯化铁（$FeCl_3 \cdot 7H_2O$） 柠檬酸铁铵[$Fe(NH_3)C_6H_8O_7$] 氧化铁（Fe_2O_3）	硫酸亚铁的生物学效价较高，最常用。硫酸亚铁易潮解结块。硫酸亚铁对营养物质有破坏作用，在消化、吸收过程中常使理化性质不稳定的其他微量化合物的生物学效价降低。
铜（Cu）	需要量 最高限量	6～6.5 250	10～200 250	碳酸铜[$CuCO_3 \cdot (OH)_2$] 氯化铜（$CuCl_2$） 硫酸铜（$CuSO_4$）	硫酸铜不仅生物学效价高，同时还具有类似抗生素的作用，饲用效果较好，最常用，但其易潮解结块，所以饲料用的硫酸铜，细度要求通过 200 目筛。

续表

元素	用量	仔猪	生长肥育猪	常用原料	特性
锌(Zn)	需要量 最高限量	110～78 3000	55～37 3000	氧化锌(ZnO) 碳酸锌($ZnCO_3$) 硫酸锌($ZnSO_4$)	七水硫酸锌和氧化锌常用,硫酸锌、碳酸锌、氧化锌生物学效价相当,但氯化锌不潮解,稳定性好。
锰(Mn)	需要量 最高限量	3.0～4.5 400	20～40 400	碳酸锰($MnCO_3$) 氧化锰(MnO) 硫酸锰($MnSO_4 \cdot 5H_2O$)	硫酸锰常用,且不潮解,稳定性好,生物学效价高,碳酸锰与之接近,氯化锰较差。
硒(Se)	需要量 最高限量	0.14～0.15 4	0.10～0.15 4	亚硒酸钠	亚硒酸钠是剧毒物质,添加量有严格限制,且需均匀配合到饲料中。每吨饲料中添加量,不得超过0.5千克(其中硒含量不超过100毫克)。
碘(I)	需要量 最高限量	0.03～0.14 400	0.13 400	碘化钾(KI) 碘化钠(NaI) 碘酸钠($NaIO_3$) 碘酸钾(KIO_3) 碘酸钙[$Ca(IO_3)_2$]	碘化钾、碘酸钾最常用,碘化钾易潮解,稳定性差,长期暴露在空气中释放出碘而呈黄色,部分碘会形成碘酸盐,引起碘的损失。

续表

元　素	用　量	仔　猪	生长肥育猪	常用原料	特 性
钴(Co)	需要量 最高限量	0.1 50	/ 50	氯化钴(5 结晶水) 氯化钴 硫酸钴(7 结晶水) 碳酸钴	硫酸钴、碳酸钴、氯化钴均常用，而且三者的生物学效价均相当，但硫酸钴、氯化钴贮藏太久易结块，碳酸钴可长期贮存。
镁(Mg)	需要量 最高限量	300 3000	400 3000		

表 3-3　猪常用的维生素饲料

种类	外观	含量	水溶性	重金属(<毫克/千克)	水分(<%)
维生素 A 乙酸酯	浅黄到红褐色球状颗粒	50 万 IU/g	在水中弥散	50	5.0
维生素 D_3	奶油色细粉	10～50 万 IU/g	在温水中弥散	50	7.0
维生素 E 乙酸酯	白色或浅黄色细粉或球状颗粒	50%	吸附制剂不能在水中弥散	50	7.0
维生素 K_3 (MSB)	浅黄色粉末	50%甲萘醌	溶于水	20	—
维生素 K_3 (MSBC)	白色粉末	50%甲萘醌	在温水中弥散	20	—
维生素 K_3 (MPB)	灰色到浅褐色粉末	50%甲萘醌	溶于水的性能差	20	—

续表

种类	外观	含量	水溶性	重金属（<毫克/千克）	水分（<%）
盐酸 B_1	白色粉末	98%	易溶于水，有亲水性	20	1.0
硝酸 B_1	白色粉末	98%	易溶于水，有亲水性	20	—
维生素 B_2	橘黄色到褐色细粉	96%	很少溶于水	—	1.5
维生素 B_6	白色粉末	98%	溶于水	30	0.3
维生素 B_{12}	浅红色到浅黄色粉末	0.1%～1%	溶于水	—	—
泛酸钙	白色到浅黄色粉末	98%	易溶于水	—	—
叶酸	黄色到橘黄色粉末	97%	水溶性差	—	8.5
烟酸	白色到浅黄色粉末	99%	水溶性差	20	0.5
生物素	白色到浅黄色粉末	2%	溶于水或在水中弥散	—	—
氯化胆碱（液态）	无色	70%～78%	易溶于水	20	—
氯化胆碱（固态）	白色到褐色粉末	50%	—	20	30
维生素 C	白色到浅黄色粉末	99%	溶于水	—	—

8.非营养性饲料添加剂

非营养性饲料添加剂虽不是饲料中的固有营养成分，其本身也没有营养价值，但有维护机体健康、保健促长、改善饲料和猪肉产品品质等生物学功能。非营养性饲料添加剂主要包括微生态制剂、酶制剂、抗菌增长剂、驱虫剂、饲料品质改善剂等。

(1)微生态制剂　饲用微生态制剂(益生素)能改善猪群机体消化道内微生态平衡，有益于猪机体健康和生产性能发挥，无毒副作用、无残留、无耐药性。常用的益生素有乳酸菌类、酵母菌类、芽孢杆菌类、光合细菌类及其代谢产物的复合产品。这类添加剂具有促进猪肠道内有益菌群的生长和增殖，抑制和排斥有害菌群如大肠杆菌等生长的作用，从而使猪肠道内建立起有利于机体健康和消化代谢的菌群平衡新体系。这类添加剂还具有增进肠道内活性物质的合成作用，能够刺激猪机体的免疫系统和提高免疫力，增强猪的抗病力及免疫功能。同时，活菌剂能产生各种消化酶如蛋白酶、淀粉酶、纤维酶等，并能合成大量的维生素B族、维生素K和有机酸，从而使猪消化代谢功能得以增强，营养状况得到改善。此外，活菌剂可减少猪肠道内的氨及其他有害物质的产生，并可中和大肠杆菌产生的毒素，有利于猪体内环境的改善。因此，益生素具有提高猪的生长速度、抗病能力和饲料报酬的作用，在高温高湿季节有缓解热应激作用，能减少死亡率，且益生素是天然产品，完全无残留，副作用少。益生素是近年来养猪生产中广泛推广使用的一类添加剂。

(2)饲用酶制剂　酶制剂是一类具有特殊高效催化能力的蛋白质，目前作为饲料添加剂使用的饲用酶制剂主要包括两大类：一类是外源性消化酶，包括蛋白酶、淀粉酶和脂肪酶等。其功能是补充仔猪体内消化酶不足，提高饲料的营养物质的消化率。二类是外源性降解酶，这类酶在动物组织细胞内不能合成，而微生物能合成，它们包括纤维素酶、半纤维素酶、β-葡聚糖酶、木聚糖酶和植酸酶等。除植酸酶外,饲用酶制剂一般以复合酶制剂形式使用,使用时常以β-葡聚糖酶、木聚糖酶、淀粉酶、蛋白酶为主,以纤维素酶、果胶酶、植酸酶为辅。其主要功能是降解猪难以消化或完全不能消化的物质和抗营养物质等。其目的是提高饲料营养物质的消化率和吸收率,开发饲料资源,降低饲料成本,增加经济效益,减少环境污染。

(3)酸化剂 “酸化剂”是作为饲料添加剂使用的有机酸的统称。常用的有机酸包括乳酸、富马酸、丙酸、柠檬酸、甲酸、山梨酸等。酸化剂的主要功能是补充幼年猪胃酸的分泌不足,降低胃肠道 pH,促进无活性的胃蛋白酶源转化为有活性的胃蛋白酶;杀灭肠道内微生物菌群,减少疾病的发生;具有良好的适口性,能刺激猪唾液分泌,增进食欲,提高采食量,促进增重。同时,某些酸是能量代谢中重要中间产物,可直接参与体内代谢。酸化剂是目前取代抗生素作为猪促生长剂的最佳选择之一。目前市场上酸化剂一般由两种或两种以上的有机酸复合而成,主要是增强酸化效果,每吨饲料添加量在 1～5 千克不等。

(4)抗菌促生长剂 抗菌促生长剂包括中草药添加剂和抗生素两类,通过对微生物抑制或杀灭,起到改善猪群健康状况、促进生长、提高饲料利用率的作用。中草药添加剂属纯天然物质,具有与食物同源、同体、同用的特点,是一种较理想的生态饲料添加剂。中草药添加剂常制成组方制剂使用。常用的抗生素有杆菌肽、土霉素、金霉素、泰乐菌素、黄霉素等。抗生素易残留,可使细菌产生抗药性,应严格遵循规范限制性使用,育肥期应严格休药。为避免产生耐药性,最好与其他抗菌促生长剂轮流使用。

①抗生素添加剂:抗生素是由微生物(细菌、放射菌、真菌等)发酵产生的具有抑制和杀灭其他微生物的代谢产物。抗生素主要功能是抑制动物肠道中有害微生物的生长与繁殖,控制疾病发生和保持猪体健康;促进有益微生物的生长并合成对猪体有益的营养物质;防止猪肠道壁增厚,增进猪对营养物质的消化与吸收,促进猪的生长与

生产。但抗生素添加剂的应用存在着诸多负面效应，其主要是残留和抗药性问题。我国允许作为饲料添加剂的抗生素有：杆菌肽锌、硫酸黏杆菌素、北里霉素、恩拉霉素、维吉尼亚霉素、泰乐菌素、土霉素、盐霉素和拉沙里菌素钠等。

②中药添加剂：中药是天然的动、植物或矿物质，本身含有丰富的维生素、矿物质和蛋白质，在饲料中可以补充营养，还有促进生长、增强动物体质、提高抗病能力的作用。中药饲料添加剂无毒副作用和抗药性，而且资源丰富、来源广、价格便宜、作用广泛，既有营养作用，又有防病作用。

抗生素的微生物具有耐药性，化学合成添加剂有毒性且能残留，它们对环境生态易造成危害，这些问题已引起了全世界的重视，所以回归大自然的呼声日益高涨。保护人类生存环境，寻找无（低）药残、无（低）污染，且能提高畜禽饲养经济效益的天然活性物质作为添加剂，愈来愈为人们所关注。中草药在我国的应用源远流长，目前我国已研制开发中草药饲料添加剂约200多种，有消炎抑菌、增强免疫以及促进消化等方面功能。但在生产中，由于药材来源、加工方法等不同，有效成分变化大，难以控制质量；加之在药源、容积、剂量、长期使用的副作用和与其他添加剂的协同上产生诸多问题，造成了中草药添加剂进一步推广的困难。

(5)饲料品质改善剂　饲料品质改善剂主要包括防结块剂、黏结剂、调味剂、乳化剂、香料。其主要作用是能有效改善饲料品质。防结块剂（如硅藻土、高岭土、沸石等）是改善剂的一种，其主要作用是保持饲料疏散。使用时要将其均匀倒入搅拌机，保证饲料成分均匀分布。防结块剂含有部分矿物质，有补充饲料营养物质的作用。黏结剂也是一种改善剂，可增加颗粒饲料的黏聚力。常用黏结剂有膨润土、淀粉等，它们也含有营养成分。甜菜碱、糖分、食盐等可以作为调味剂使用。此外，抗氧化剂、防霉剂常作为饲料保存剂使用。

①抗氧化剂：抗氧化剂可以防止饲料有机物质氧化，能防止不饱

和脂肪酸的氧化和酸败，还能防止饲料中含有的维生素等活性物质氧化和效价降低。目前经常使用的抗氧化剂有乙氧基喹啉、二丁基羟基甲苯、丁基羟基回香醚、抗坏血酸及没食子酸丙酯等。其中，用量最大的是乙氧基喹啉，其次是抗坏血酸，再次是二丁基羟基甲苯。

②防腐添加剂：实践中使用的防霉、防腐剂很多，其中作为饲料添加剂常用的为丙酸及其盐类。饲料中添加丙酸盐，其没有挥发性且不影响饲料的适口性，一般要求使用量要控制在0.3%以下。

③调味、增香、诱食剂：这类添加剂统称为“风味剂”，其目的是为了增进动物食欲，或掩盖某些饲料组分的不良气味，或增加动物喜爱的某种气味，改善饲料适口性，增加动物采食量等。属于这种添加剂的有糖精、谷氨酸钠（味精）、甘露糖醇、乳酸乙酯、乳酸丁酯、柠檬酸等。

④着色剂：为了改善畜产品的外观，提高畜产品的商品价值，常在配合饲料中添加着色剂，通常用作饲料添加剂的着色剂多为天然色素。其中，最常用的是类胡萝卜素及叶黄素。

⑤其他添加剂：为防止饲料在加工和贮藏过程中结块，可在饲料中加入适量膨润土、沸石粉、二氧化硅、沉淀碳酸钙等抗结块的分散剂，以增加流动性，改善均匀度。当配合饲料组成中含有吸湿性较强的乳精粉、干酒精糟时更为重要。此类分散剂不含能量，添加量不宜过多，以免降低饲料质量，美国食品药物管理局规定用量不超过2%。

与分散剂相反，在制造颗粒饲料或块状饲料时，为加强颗粒的坚固性，使用者常在加工前加入黏结剂。常用的黏结剂有钠基膨润土、海藻酯钠、α-淀粉、糖蜜和水解皮革蛋白粉。

(6)驱虫保健剂 驱虫保健剂是防治猪体内外寄生虫，促进猪群生长和提高饲料利用率的饲料添加剂。应用较多的是驱蠕虫类添加剂。

(7)其他饲料添加剂 生物活性肽具有无毒副作用和无残留的特点，它可以在体内被分解代谢为氨基酸，也可作为功能活性肽改善

动物吸收功能，增强机体免疫水平，提高健康水平和促进生长。卵黄抗体可替代药物添加剂预防疾病和促进生长，性能稳定。L-肉碱、甜菜碱、低聚果糖、壳聚糖、半胱胺、糖萜素等，也可作为饲料添加剂在生产中使用。

饲料添加剂的品种繁多，在选择时要充分了解所选添加剂的性能，根据饲用目的、价格等因素选用，添加时一定要搅拌均匀。

如寡聚糖是一类由 2～10 个糖单位组成的水溶性小分子碳水化合物，一般包括异麦芽糖、异麦芽三糖和四糖、低聚果糖、半乳寡糖、甘露寡糖、木果糖、木葡寡糖、木寡糖和低聚乳糖醇等。由于这类物质在肠道内有类似抗生素的作用，故有人称之为“化学益生素”。其主要作用：通过唯一选择性增殖双歧杆菌等猪肠道内的有益菌群并发挥其作用，形成微生态竞争优势；有益菌群产生短链脂肪酸（主要是乙酸和乳酸）和一些抗菌物质，直接抑制外源致病菌和内源有害菌（如沙门氏菌、志贺氏菌、大肠杆菌等）生长繁殖，使宿主猪保持健康，减少疾病的发生；有益菌的增殖可促进吞噬细胞的活性，增强猪机体一系列免疫功能，提高猪的免疫力；增加体内 B 族维生素等营养素的合成，促进猪对营养物质的吸收；吸附肠道内病原菌，促进病原菌从猪体内排出，减少其对猪的危害。寡聚糖替代抗生素，具有饲料成本低、畜产品无药物残留等特点，是一种具有发展前途的新型饲料添加剂。

二、猪饲料的配合

1.几个基本概念和术语

(1)猪的饲养标准　所谓“饲养标准”，是指饲养者针对猪的一定生理阶段，为达到某一生产水平和效率，设定的每头每日供给的各种营养物质的种类和数量或者每千克饲料中各种营养物质含量或百分比。

一个完整的饲养标准包括下面四个方面：

①说明、介绍该标准的研究方法、研究条件、标准特点、使用方法及建议等。

②营养需要量或推荐量，这是标准的主要内容。

③常用的饲料营养价值表。

④有些饲养标准还要列出典型日粮配方，以资参考。

必须说明的是，在饲养标准中所列出的营养需要量是指动物最低的营养需要量，它反映的是群体平均需要量，在应用时应根据实际饲料原料和动物群体情况加以适当调整，以满足动物生产实际的营养需要。

(2)日粮与饲粮　日粮是指一昼夜(24小时)一头动物所采食的饲料量。饲粮是按日粮的饲料百分比配制的混合饲料。

(3)饲料配方　配方者根据动物的营养需要、饲料的营养价值、原料的现状及价格等条件合理地确定各种饲料的配合比例，这种饲料的配比即为“饲料配方”。

(4)全价配合饲料　全价配合饲料是根据猪饲养标准中各种营养物质的种类、数量及其相互比例关系，配方者将各种不同饲料原料进行合理配制。它能直接用于饲喂饲养对象，能全面满足饲喂对象的营养需要。它主要包括能量、蛋白质和矿物质等营养物质。

与全价配合饲料相区别的是预混料和浓缩料。“预混料”是“添加剂预混合饲料”的简称，它是将一种或多种微量组分(包括各种微量矿物元素、各种维生素、合成氨基酸、某些药物等添加剂)与稀释剂或载体按要求配比，均匀混合后制成的中间型配合饲料产品。预混料是全价配合饲料的一种重要组分。浓缩料是指全价饲料中除去能量饲料的剩余部分，国外称为“平衡用配合饲料”，也称为“蛋白质－维生素补充饲料”。主要包括蛋白质饲料、常量矿物质饲料和添加剂预混合饲料。

2.饲料配方设计的依据与原则

配方设计是饲料生产的核心技术，设计科学合理的饲料配方，是合理利用饲料资源、降低养猪生产成本、提高产品质量和经济效益的重要环节。

(1)选择合适的饲养标准作为日粮配制的基础　饲养标准是指一定品种的健康畜禽在适宜的条件下，达到最优生产性能时，营养的最低需要量，是配方设计的主要依据，但由于试验畜禽的品种、供试饲料品质、试验环境条件等因素的制约，导致饲养标准存在着明显的时间滞后性、静态性、地区性的不足，加之由于各国和各地的饲养环境、条件、动物的品种、生产水平的差异，决定着饲养标准也只能是相对的。猪生产者应注意灵活应用饲养标准，科学确定饲料配方的营养标准；还应根据猪的品种(基因型)、生产阶段、性别、季节的不同选用不同的营养水平，在此基础上根据饲养实践中动物生产性能反映的情况，给予灵活运用。一般情况下，对饲养标准可做10%上下调整。

(2)选用原料应考虑经济的原则　我国幅员辽阔，地形复杂，气候差异较大，即使是同一种饲料，由于产地、品种、加工方法和质量等级不同，其营养成分含量也千差万别。因此，配方设计时一定注意选用效价高、稳定性好、符合配合饲料生产要求的原料产品使用。配方设计应从经济、实用的原则出发，尽可能地考虑利用当地的饲料原料，因地制宜，尽量选用营养丰富、价格低廉、来源广泛的饲料原料。

(3)注意饲料适口性　饲料的适口性是决定猪采食量多少的主要因素。饲料适口性差，达不到一定的采食量，就不能保证饲养标准所规定的营养水平。因此，在考虑饲料的营养价值、消化率、价格因素的基础上，要尽量选用适口性好的饲料原料，以保证所配饲料能使猪足量采食。若采用营养价值高、适口性差的饲料原料，应限制其用量，或加入调味剂以提高适口性。

(4)日粮应有适宜的容积 在生产中，一般都以干物质的含量作为衡量饲料容积的指标。饲料容积过大猪难以食完，且消化道负担加重，影响饲料的消化吸收，从而影响猪的生长发育；容积过小猪缺少饱感，也影响其生产力的发挥。在选用低成本的原料进行营养替代时，更要注意不同营养物质的适宜比例与消化率等因素，不能只顾营养物质含量的平衡而进行替代，而忽视了替代物的体积与消化率。特别是要考虑猪对饲料中粗纤维的消化生理特点。因此，选用原料设计配方时，要注意饲料的消化率和容积，做到配方营养平衡、消化率高和体积适中，以使所配饲料能达到预期效果。

(5)要求饲料多样化 营养物质之间的相互关系，可以归纳为协同作用和拮抗作用两个方面。具有协同作用就能使饲料营养的利用率提高，能改善饲料报酬、降低饲养成本。不合理的配比或具有拮抗作用，就会降低使用效果，甚至产生副作用。为了发挥各种原料饲料之间的营养互补作用，在可能情况下，饲养者应多采用几种饲料配方。

猪常用饲料的比例为：谷物类如玉米、稻谷、大麦、小麦等，占50%～70%，糠麸类如麦麸、米糠等占10%～20%，豆饼、豆粕占15%～20%，有毒性的棉籽饼(粕)及菜籽饼等应小于10%，种猪不宜使用棉籽饼(粕)，动物蛋白质饲料如鱼粉、蚕蛹粉等占3%～7%，草粉、叶粉小于5%；贝壳粉或石粉占3.0%～3.5%，骨粉占2.0%～2.5%，食盐要小于0.5%。

(6)保证饲料卫生 饲料是动物的粮食，也是人类的间接食品，饲料安全问题不仅会产生经济问题，也会产生人类健康的问题。因此，配方设计必须遵循国家的有关饲料生产的法律、法规，绝不违禁违规使用药物添加剂，不超量使用微量元素和有毒有害原料，正确使用允许使用的饲料原料和添加剂，确保饲料产品的安全性和合法性。选用为配合饲料的原料要求质地良好，未发霉变质，未受农药及其他有毒有害物质的污染和混杂，对一些本身固有的含毒饲料应注意控

制其用量，以限制在畜禽生理耐受范围以内和不影响产品卫生指标为原则，严重污染的、霉变的原料不宜选用。

3.猪饲料配方的制作

猪饲料设计配方就是根据已知的营养标准和各种原料营养含量，合理确定各种原料在配方中的比例，使配方的消化能、粗蛋白、钙、磷、盐、赖氨酸、蛋氨酸等刚好达到营养标准而又不过多，从而降低成本。在设计配方时一定要注意配方的科学性，切勿随意添加任何一种原料。

(1)试差法设计饲料配方　试差法设计饲料配方即首先按饲养标准规定，根据饲料原料营养价值表和常规使用量，粗略对选择的饲料原料进行试配合，然后计算出各种养分的含量，与饲养标准进行比较，对过多或不足的营养成分进行增减调整，再次计算其中的营养成分，并与饲养标准作比较，通过反复调整计算，直至最后完全满足营养需要规定为止。

具体配方设计步骤如下：

第一步：查找饲养标准，列出猪饲养标准中每千克饲粮中养分含量。

第二步：确定所选饲料原料，从饲料营养成分及营养价值表中查出所选饲料原料营养素含量。

第三步：进行试配，先根据饲料供应情况，初步确定各饲料原料的比例，进行试配，并计算出初步结果。

第四步：调整计算，在得出初步配方的计算结果后，与营养标准进行比较，然后按照先调整消化能与粗蛋白，再进行钙与磷的调整并计算出结果。反复多次，直至各种营养成分含量与饲养标准接近一致为止。

现举例说明如下：

用玉米、豆粕、磷酸氢钙、石粉、食盐、添加剂预混料为 10～20 千

克生长猪设计饲料配方。首先列出饲料原料的养分含量和猪的营养需要量(表 3-4)

表 3-4　常用饲料原料的养分含量和猪的营养需要量

饲料	消化能(兆焦/千克)	粗蛋白质(%)	钙(%)	有效磷(%)	赖氨酸(%)	蛋氨酸+胱氨酸(%)	蛋氨酸(%)
玉米	14.27	8.7	0.02	0.12	0.24	0.38	0.18
豆粕	13.18	43	0.32	0.31	2.45	1.30	0.64
石粉	0	0	35	0	0	0	0
磷酸氢钙	0	0	21	16	0	0	0
食盐	0	0	0	0	0	0	0
预混料	0	0	0	0	0	0	0
20～50 千克生长猪营养需要							
需要量	12.97	16.4	0.6	0.23	0.87	0.49	0.23

先留出 2.5%给矿物质饲料和添加预混料，余下 97.5%为玉米—豆粕的用量。由于玉米—豆粕喂猪时，最容易影响生产的是赖氨酸，所以可用它作为主要因素进行计算。

因为玉米—豆粕的总量为 97.5%，所以

玉米(%)+ 豆粕(%)= 97.5 ………………………………… (1)

又因玉米豆粕中赖氨酸相加应与猪的需要相符(0.87×100)，所以

玉米(%)×0.24+豆粕(%)×2.45=87 ………………… (2)

于是，玉米(%)=97.5-豆粕(%)

[97.5-豆粕(%)]×0.24+豆粕(%)×2.45=87

2.12×豆粕(%)=63.6

豆粕(%)=28.78

玉米(%)=97.5-28.78=68.72

下一步用磷酸氢钙补足磷的需要：

磷酸氢钙(%) =(需要量-所用玉米含磷量-所用豆粕含磷

量）÷（磷酸氢钙含磷量）

＝（0.23×100－68.72×0.12－28.78×0.31）÷16

＝0.36

用石粉补足钙的需要：

石粉（%）＝（需要量－玉米含钙量－豆粕含钙量－磷酸氢钙含钙量）÷（石粉含钙量）

＝（0.06×100－68.72×0.02－28.78×0.32－0.36×21）÷35

＝1.2

食盐一般加0.25%。预留的2.5%还余0.69，用预混料0.5%，将石粉改为1.25%，磷酸氢钙改为0.5%，正好将预留部分用完。算出的配方和养分含量见表3-5。

表3-5　饲料原料的养分含量和猪的营养需要量

饲料	用量	消化能（兆焦/千克）	粗蛋白质（%）	钙（%）	有效磷（%）	赖氨酸（%）	蛋氨酸＋胱氨酸（%）	蛋氨酸（%）
玉米	66.72	9.81	5.98	0.01	0.08	0.16	0.26	0.12
豆粕	26.78	3.79	12.38	0.09	0.09	0.71	0.37	0.18
石粉	1.25	0	0	0.44	0	0	0	0
磷酸氢钙	0.50	0	0	0.11	0.08	0	0	0
食盐	0.25	0	0	0	0	0	0	0
预混料	0.50	0	0	0	0	0	0	0
合计	100	13.6	18.36	0.65	0.25	0.87	0.63	0.3
20～50千克生长猪营养需要								
需要量		12.97	16.4	0.6	0.23	0.87	0.49	0.23

由表3-5可见，这一配方中赖氨酸正好达到要求，其他养分也都满足需要。能量蛋白质较多，这是因为玉米—豆粕中能量较高、豆粕

中蛋白质相对较高的缘故。如果有麸皮、菜籽粕等养分较低的原料，能量蛋白质水平就会降低。当能量和蛋白质饲料原料为两种以上时，可将它们归成两组，组内各种饲料的比例根据经验自行决定，并按组的养分含量用代数法计算，求得组的用量后，再算出每种原料的用量。例如，现有玉米、豆粕、麸皮、菜籽粕四种能量蛋白质饲料，可分成玉米—麸皮、豆粕—菜籽粕两组。玉米∶麸皮的比例定为5∶1，豆粕∶菜籽粕的比例为5∶1。

则玉米—麸皮组的消化能是每千克13.45[(14.27×5+9.37)÷6]兆焦，蛋白质为9.87%[(8.7×5+15.7)÷6]。

豆粕—菜籽粕组的消化能是每千克12.75[(13.18×5+10.59)÷6]兆焦，蛋白质为42.3%[(43×5+38.6)÷6]。

用上述方法算出两组料的用量，再按5∶6和1∶6的比例，算出每种原料的用量。

(2)四角法 四角法也叫"对角线法"、"四边形法"等，是一种简捷而准确的计算方法。但一般只能算一种或两种指标。现分别举例说明如下：

设计猪浓缩料配方时，常以蛋白质为主要指标。先用常规饲料满足蛋白质要求，再用矿物质饲料和添加剂补充其他养分。常规饲料的配合比例可用四角法计算。

例如，用粗蛋白质含量分别为13.9%和38.6%的小麦和饼粕配成粗蛋白质为30%的蛋白料，按四角法计算，小麦和饼粕的用量比例是8.6∶16.1，换算成百分比则分别为38.4%和62.5%。

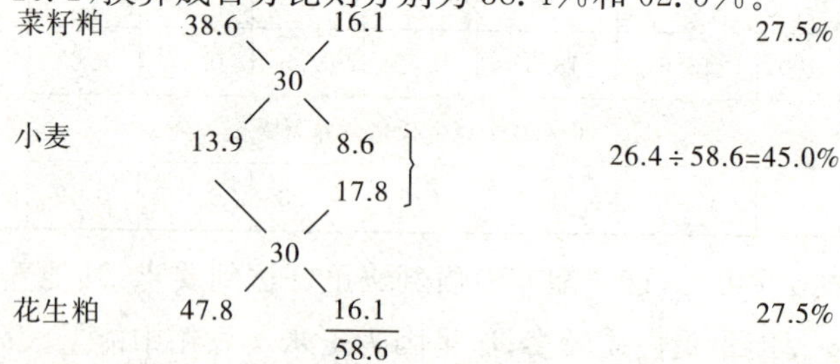

若准备留3%作为补充矿物质和其他养分用，则原来每千克蛋白料中含粗蛋白质300克(即30%)的要求，变成了0.97千克料中要含300克。粗蛋白质的要求提高到30.93%(30÷0.97)。根据计算，小麦和饼粕的用量分别为30.1%和66.9%。

小麦　13.9　　　7.67

　　　　30.93　　　　÷ 24.7 = 31.05% / 68.95% × 0.97 = 30.1% / 66.9%

饼粕　38.6　　　17.03

　　　　　　　　24.7

两种原料占总原料的97%，即0.97千克混合料中含粗蛋白质300克(0.301×139+0.669×386)，完全符合要求。

四角法也可用于多种原料的配方设计。若用粗蛋白质含量分别为13.9%、38.6%和47.8%的小麦、菜籽粕、花生粕配制含粗蛋白质30%的饲料，可将含量低于要求的小麦分别与含量高于要求的菜籽粕、花生粕进行四角计算，其用量为两次计算值之和。即小麦、菜籽粕和花生粕的配合比例应为26.4∶16.1∶16.1或45%、27.5%、27.5%。

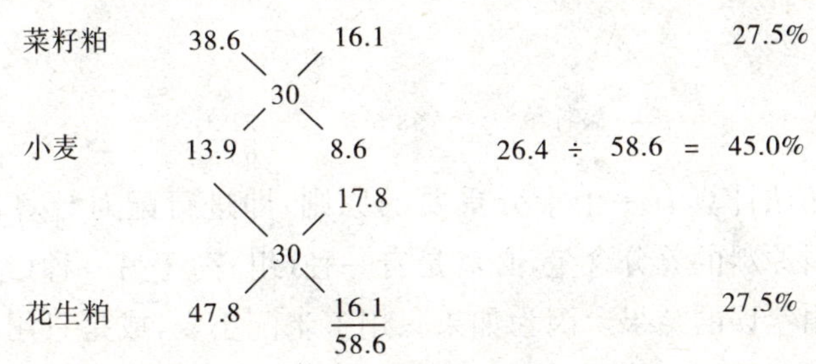

如果还有玉米(粗蛋白质含量8.7%)，则可将玉米、小麦分别与菜籽粕、花生粕进行四角计算。可有两种结果，玉米、小麦、菜籽粕、花生粕的用量分别为27.9%、13.5%、25.2%、33.4%或13.5%、27.9%、33.4%、25.2%。两种饲料粗蛋白质含量都是30%，但其他养分含量和价格不同，可进行选择。

有多种原料时，也可将同类的原料先行组合，再来计算。例如，先将玉米、小麦(都属能量饲料)自定一个比例(如2∶1)组成混合料

1，其粗蛋白质含量为10.4×[(8.7×2 + 13.9)÷3]。将菜籽粕配花生粕按1∶1组成混合料2，其粗蛋白质含量为43.2×[(47.8 + 38.6)÷2]。再将两组混合料进行四角计算，得到的用量分别是40.2%和59.8%，玉米、小麦、菜籽粕和花生粕的用量分别为26.8%、13.4%、29.9%和29.9%。

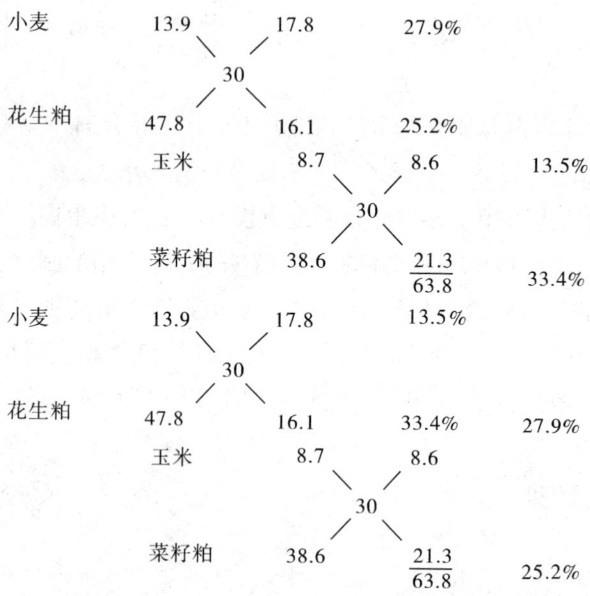

四角法计算有一个十分重要的原则，即进行配对计算的两种(组)饲料原料的养分含量，必需是有一种(组)高于另一种(组)。否则将得出错误的结果。因为如果只用玉米配小麦，或是只用菜籽粕配花生粕，就不可能配出含粗蛋白质30%的蛋白饲料。为猪配浓缩料时，如果只计算蛋白质一项指标，也可用此法。

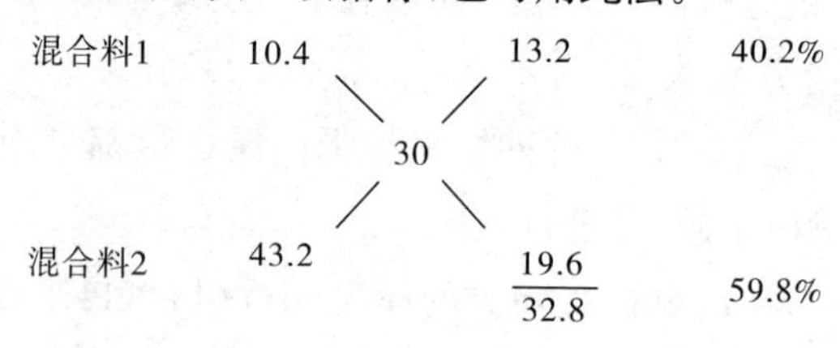

(3)试差法　试差法是应用最普遍的计算方法,简单易行,但需有一定的配料知识和经验。设计者先根据饲料标准或自定的饲料营养水平拟定一个初始配方,算出初始配方中养分含量不足之处,调整配方中各原料的用量,以得出能完全满足要求的配方。下面举例说明。

例:用玉米、麸皮、豆粕、鱼粉、骨粉、石粉为产蛋率65%～80%的母鸡设计配方,可按以下步骤进行。

①列出饲料原料的养分含量和选定的配方营养水平(表3-6)。

表3-6　饲料原料的养分含量和配方要求的营养水平量和选定的配方营养水平

饲料	代谢能(兆焦/千克)	粗蛋白质(%)	钙	非植酸磷(%)	赖氨酸(%)	蛋氨酸＋胱氨酸(%)	蛋氨酸
玉米	1.381	8.7	0.12	0.24	0.38	0.18	
麸皮	6.82	15.7	0.11	0.24	0.58	0.39	0.13
豆粕	9.62	43.0	0.32	0.31	2.45	1.30	0.64
鱼粉	11.67	62.8	3.87	2.76	4.90	2.42	1.65
骨粉	—	—	31.0	14.0	—	—	—
石粉	—	—	35.0	—	—	—	—
产蛋率65%～80%的母鸡饲料配方营养要求							
	11.51	15	3.25	0.35	0.66	0.57	0.33

(2)拟出初始配方,算出养分含量及与要求的差值。设计一般猪禽配合料时,各类饲料原料的用量比例可参考下列数值。能量饲料(以谷实为主)占50%～70%(能量要求低的用50%左右,高的用70%左右,大多为60%左右)。植物蛋白(以饼粕为主)占10%～30%(蛋白质要求低的用10%左右,高的可达30%左右,多数为15%～20%)。动物蛋白0～8%(高产、快速生长肉用动物适当应用,一般为2%～5%,不超过8%,鹌鹑、野禽鱼类和食肉动物等常超过

8%。糠麸类0～20%(能量蛋白质要求很低时可用到20%左右,一般为10%左右,高产动物少用、不用)。矿物质饲料2%～10%,包括补充钙、磷和食盐的原料,也可将添加剂预混料的用量包含在内。产蛋禽可用到8%～10%,一般动物2%～4%,其中食盐占0.25%～0.4%,预混料占0.2%～1%。合成氨基酸0～0.2%(氨基酸要求高时适量应用,一般动物以赖氨酸为主,产蛋、产毛动物多用蛋氨酸)。

根据饲料配方的基本要求并参考上列用量范围,拟定初始配方为(%):玉米60、麸皮10、豆粕17、鱼粉4、矿物质饲料9。矿物质饲料可先定一个总量,不定各个原料的具体用量。初始配方的养分含量及与要求的差额见表3-7。

表3-7 初始配方的养分含量

饲　料	用量(%)	代谢能(兆焦/千克)	粗蛋白质(%)	赖氨酸(%)	蛋氨酸+胱氨酸(%)	蛋氨酸(%)
玉米	60	8.286	5.22	0.144	0.228	0.108
麸皮	10	0.682	1.57	0.058	0.039	0.013
豆粕	17	1.635	7.31	0.417	0.221	0.109
鱼粉	4	0.467	2.51	0.196	0.097	0.0736
合计	91	11.076	16.162	0.8145	0.585	0.3036
与要求相差		−0.44	1.612	0.1545	0.015	−0.026
差额百分比(%)		−3.82	10.75	23.41	2.60	−8

①判断和调整。初始配方能量和蛋氨酸分别比要求少3.82%和8%,粗蛋白质和其主要氨基酸都超过要求,应予调整,调整是否顺利取决于判断是否细致、正确。根据养分相差情况,首先可以作出判断,应该适当增加高能和高蛋氨酸的饲料原料,减少蛋白质、赖氨酸较高而能量、蛋氨酸较低的原料。由于蛋氨酸高的饲料往往蛋白质也高,所以较好的方法是先提高能量并降低蛋白质和赖氨酸,再用合成氨基酸补充蛋氨酸的不足。为提高能量可增加玉米用量;降低蛋白质则可减少麸皮、豆粕、鱼粉;降低赖氨酸则应减少豆粕或鱼粉。

究竟调整哪一种，就要作进一步的判断。

从初始配方的养分差额中可以看到，能量的差额较少，只差3.82%；赖氨酸差额较多，多了23.41%；蛋白质也多了10.75%。因此，当减少赖氨酸和蛋白质时，要防止调整过多而使能量不足。在选择增减的原料品种时，应考虑两种原料等量替换，能量变动值和蛋白质、赖氨酸变动值之比，要尽可能接近差额中能量值和蛋白质、赖氨酸值之比。本例初始配方差额中能量和蛋白质、赖氨酸之比分别为－0.27∶(－0.44/1.612)，－2.85∶(－0.44/0.1545)。若用玉米取代麸皮，则能量(13.81－6.82＝6.99)和蛋白质(8.7－15.7＝－7)、赖氨酸(0.24－0.58＝－0.34)变动值之比分别为－0.9986∶(6.99/7)和－20.56∶(6.99/－0.34)。玉米取代豆粕时，能量与蛋白质、能量与赖氨酸的比值分别为－0.12∶[(13.81－9.62)/(8.7－43)]和－1.9∶[(13.81－9.62)/(0.24－2.45)]。玉米取代鱼粉时两者的比值分别为－0.039∶[(13.81－11.67)/(8.7－62.8)]和－0.46∶[(13.81－11.67)/(0.24－4.9)]。因为调整时首先考虑的是要将不足的养分补足，其次再考虑降低高于要求的养分，所以替换的两种饲料的养分差额中，能量与蛋白质和能量与赖氨酸的比值(不考虑正负号)应大于0.27和2.85，这里只有麸皮符合要求。因此，应调整玉米和麸皮的用量。调整的数量可作如下分析。每增加1%玉米并减少1%麸皮时，代谢能将增加0.0699兆焦/千克(0.1381－0.0682)，粗蛋白质将减少0.07%(0.157%－0.087%)，赖氨酸减少0.0034%(0.0058%－0.0024%)。

为了百分之百地达到能量要求，应增加玉米和减少麸皮6.29(0.44/0.0699)。

为了百分之百地符合粗蛋白质和赖氨酸的要求指标，分别应增加玉米23.03%(1.612/0.07)和减少麸皮45.44%(0.154/0.0034)。这些分析数值表明，当能量百分之百符合要求时，粗蛋白质和赖氨酸将仍有多余。反之，如赖氨酸或蛋白质降到标准的要求，能量就会低于要求。因此,可选择满足能量所需增减原料的量来进行调整,即增加玉米6.29%,减少麸皮6.29%。调整后的配方及其养分含量见表3-8。其中能量与要求基本一致,粗蛋白质和赖氨酸也与要求接近。蛋氨酸尚缺0.023%,钙尚缺3.025%,有效磷尚缺0.098%,应用合成氨基酸和矿物质饲料补足。市场上蛋氨酸中实际含量约为98%,只要加0.024%(0.023/98×100)就可满足要求。

表3-8　初步调整后的配方及营养水平

饲　料	用量(%)	代谢能(兆焦/千克)	粗蛋白质(%)	赖氨酸(%)	蛋氨酸+胱氨酸(%)	蛋氨酸(%)	钙(%)	非植酸磷(%)
玉米	66.29	9.15	5.77	0.159	0.252	0.119	0.013	0.08
麸皮	3.71	0.25	0.58	0.022	0.015	0.005	0.004	0.009
豆粕	17.00	1.64	7.31	0.417	0.221	0.109	0.053	0.053
鱼粉	4.00	0.47	2.51	0.196	0.097	0.074	0.155	0.11
合计	91.00	11.51	16.17	0.794	0.585	0.307	0.225	0.252
与要求差		−0.0002	1.17	0.134	0.015	−0.023	−3.025	−0.098

②确定矿物质饲料用量和最终配方。由于骨粉既含钙又含磷,石粉只含钙。因此,应先用骨粉满足磷的需要,再用石粉补足钙。骨粉含非植酸磷14%,配方中尚缺磷0.098%,需用骨粉0.70%(0.098/14×100)。其中,除含磷0.098%外,还含钙0.217%(0.70×31%)。配方中缺钙3.025%,用了骨粉后尚缺2.81%(3.025−0.217),需用石粉8%(2.81/35)补足。石粉、骨粉合计用量为8.7%,食盐用0.3%,预留的9%正好用完。蛋氨酸和维生素微量元素添加剂可另加,若也要放在这100%的配方中,则可减少一些麸皮的用量。一般配方中矿物质饲料、合成氨基酸、添加剂等的用量应精确到小数点后2位(有时达3位),其他饲料算到小数点后1位就可以。最后确定的配方是(%):玉米66.3,麸皮3.7,豆粕17.0,鱼粉4.0,骨粉0.7,石粉8.0,食盐0.3,另加

0.024％蛋氨酸及适量微量元素维生素添加剂。用试差法计算时，初始配方定得好不好很重要。初始配方如果定得很不合理，往往调整时比较困难，有时要分几次调整，甚至要增加或变换饲料原料。用此法得到的配方，某些养分常会超过要求，一般生产上应用是可以的，做科学试验就不行了。

第四章
猪的繁殖

种(良种猪)、料(营养饲料)、舍(猪舍环境控制)、病(猪病防治)、管(经营管理)等是构成现代养猪生产的五大基本要素。在促进畜牧业发展的各种因素中,家畜品种改良对畜牧业发展的贡献率约为40%,饲料营养贡献率约为20%,饲养管理贡献率约为20%,疫病防治所带来的贡献率约为15%,其他方面的改善和提高贡献率约为5%。由此可见,猪种质量的好坏对养猪业的发展起着决定性作用,而这些良种最终必须通过繁殖来体现。

一、猪的经济性状遗传与选择

要做好猪的选择工作,前提是必须了解猪的主要经济性状及其遗传规律、度量方法,从而采取相应的选择措施。

1.繁殖性状

(1)繁殖性状的度量 猪的繁殖性状包括窝产仔数、初生重、断奶仔猪数、21日龄窝重(泌乳力)、产仔间隔和初产日龄等。

①窝产仔数:它包括总产仔数和产活仔数两个方面。总产仔数:出生时同窝的仔猪总数,包括死胎、木乃伊胎和畸形猪在内。产活仔数:出生24小时内同窝存活的仔猪数,包括衰弱的、即将死亡的仔猪在内。

②初生个体重与初生窝重：指仔猪出生后吃初乳之前称得的个体重和全窝重。

③21日龄窝重：同窝存活仔猪到21日龄时的全窝重量，包括寄养进来的仔猪在内，但寄出仔猪的体重不计在内。寄养必须在3天内完成，必须注明寄养情况。

④产仔间隔：母猪前、后两胎产仔日期间隔的天数。

⑤初产日龄：母猪头胎产仔时的日龄数。

(2)繁殖性状的遗传与选择　繁殖性状属于低遗传力性状，一般为0.1左右，其估计值的变动范围为0.05～0.15(表4-1)。由于繁殖性状遗传力低，一般认为难以通过个体选择得到遗传改良。

表4-1　繁殖性状的遗传力估计值

性状	遗传力	性状	遗传力
产活仔数	0.10	断奶重	0.12
总产仔数	0.11	初生窝重	0.15
3周龄仔猪数	0.08	3周龄窝重	0.14
断奶仔猪数	0.06	断奶窝重	0.12
仔猪断奶前成活率	0.05	初产日龄	0.15
初生重	0.15	产仔间隔	0.11
3周龄重	0.13		

近年来，对猪产仔数的选择正日益受到重视，其原因在于：对猪产仔数的遗传特征的了解更加深入；选种新技术的应用；在养猪发达国家猪的瘦肉率等经济性状正接近于最适值，继续选择改良难度较大，结合产仔数进行选择，其总体经济效益可能会提高；我国猪种的高繁殖性能已引起世界各国的关注。太湖猪引入欧美一些国家后，产生了积极的作用，这使人们认识到，产仔数尚有较大的改良潜力。

2.生长性状

(1)生长性状的度量 生长性状主要是指猪的生长速度、活体背膘厚和饲料转化率,近年来对猪的采食量也开始重视起来。

①生长速度:通常用测定期间(30～100 千克)的平均日增重或达到一定目标体重(100 千克)的日龄来表示。

②活体背膘厚:在测定 100 千克体重日龄时,同时测定 100 千克体重活体背膘厚。采用 B 超扫描测定倒数第 3～4 肋间处离背中线 5 厘米处的背膘厚,以毫米为单位。采用 A 超测定胸腰结合部、腰荐结合部沿背中线左侧 5 厘米处的两点膘厚的平均值。

③饲料转化率:从 30～100 千克阶段每单位增重所消耗的饲料量。

④采食量:它是度量食欲的性状。在不限食条件下,猪的平均日采食量称为“采食能力”或“随意采食量”,是近年来猪育种方案中日益受到重视的性状(表 4-2)。

(2)生长性状的遗传与选择 生长速度、饲料转化率和日采食量均属中等遗传力性状,活体背膘厚属高遗传力性状(表 4-2)。

表 4-2 生长和胴体性状的遗传力估计值

性状	均值	遗传力范围
日增重	0.34	0.10～0.76
达 100 千克日龄	0.30	0.27～0.89
日采食量	0.38	0.24～0.62
饲料转化率	0.31	0.15～0.43
活体背膘厚	0.52	0.40～0.60

由于生长性状的遗传力中等,通过选择可以获得较大的选择反应。在选择实践中,通常采用多性状综合选择。加拿大从 1985 年开始,用 BLUP 育种值估计法对活体背膘厚和生长速度进行综合选择,

背膘厚的改良速度提高了50%，达100千克体重日龄的改良速度提高了100%～200%。

3.肉质性状

(1)肉质性状的度量　肉质的优劣是通过许多肉质指标来判定的，常见指标有肌肉pH、肉色、滴水损失、大理石纹、肌内脂肪含量、嫩度、风味等。我国种猪遗传评估方案中的肉质性状有4个方面的内容：肌肉pH、肉色、滴水损失和大理石纹。

①肌肉pH：在屠宰后45～60分钟内测定。采用pH计，将探头插入倒数第3～4肋间处的眼肌（猪背最长肌的横断面积形似眼故名为“眼肌”）内，待读数稳定5秒以上，记录pH。

②肉色：“肉色”是肌肉颜色的简称。在屠宰后45～60分钟内测定，以倒数第3～4肋间处眼肌横切面的色泽为代表，用五分制目测对比法进行评定。

③滴水损失：在屠宰后45～60分钟内取样，切取倒数第3～4肋间处眼肌，将肉样切成2厘米厚的肉片，修成长5厘米、宽3厘米的长条，称重，用细铁丝钩住肉条的一端，使肌纤维垂直向下，悬挂于塑料袋中（肉样不得与塑料袋壁接触），扎紧袋口后吊挂于冰箱内，在4℃条件下保持24小时，取出肉条称重，按下式计算：

滴水损失(%)＝(吊挂前肉条重－吊挂后肉条重)÷(吊挂前肉条重)×100%

④大理石纹：大理石纹是指一块肌肉范围内，肌肉脂肪即可见脂肪的分布情况，以倒数第3～4肋间处眼肌为代表，用五分制目测对比法评定。

(2)肉质性状的遗传与选择　肉质性状的遗传力一般为低等或中等水平，而肌内脂肪含量、脂肪酸组成等性状的遗传力较高（表4-3）。

表 4-3　肉质性状的遗传力估计值

性状	遗传力	猪群
屠宰后 45 分钟背最长肌的 pH	0.25～0.27 0.29	长白猪 大白猪
屠宰后 24 小时背最长肌的 pH	0.20	大白猪、杜洛克猪
肉色评分	0.29	大白猪、杜洛克猪
滴水损失	0.30	大白猪、杜洛克猪
嫩度	0.23	大白猪、杜洛克猪
肌内脂肪含量	0.53	大白猪、杜洛克猪

必须指出的是，肉质与瘦肉率间存在着遗传负相关。当在高瘦肉率的选择工作强度过大时，将引起肉质下降。近年来，养猪发达国家已开始重视肉质性状的改良，并将肉质性状纳入育种目标。

4.胴体组成性状

(1)胴体组成性状的度量　在国外，胴体重不包含内脏器官，但包含头、蹄、肾和板油的屠宰重量；在我国，胴体重则指去内脏、去头、蹄的胴体重量。

胴体背膘厚：胴体测量时，将左侧胴体(以下需屠宰测定的都是指左侧胴体)取肩部最厚处、胸腰椎接合处和腰荐椎接合处三点膘厚的平均值作为平均背膘厚。

眼肌面积：在测定活体背膘厚的同时，利用 B 超扫描测定同一部位的眼肌面积，用平方厘米表示。在屠宰测定时，将左侧胴体倒数第 3～4 肋间处的眼肌垂直切断，用硫酸纸描绘出横断面的轮廓，用求积仪计算面积。如无求积仪，可用下式计算：

眼肌面积(平方厘米)＝ 眼肌宽度(厘米)× 眼肌厚度(厘米)×0.7

腿臀比例：沿腰椎与荐椎结合处的垂直线切下的腿臀重占胴体重的比例。计算公式为：

腿臀比例(%)=(腿臀重÷胴体重)×100%

胴体瘦肉率和脂肪率:将左半胴体进行组织剥离,分为骨骼、皮肤、肌肉和脂肪四种组织。

瘦肉量和脂肪量占四种组织总量的百分率即是胴体瘦肉率和脂肪率。公式如下:

胴体瘦肉率(%)=瘦肉量÷(瘦肉量+脂肪量+皮重+骨重)×100%

胴体脂肪率(%)=脂肪量÷(瘦肉量+脂肪量+皮重+骨重)×100%

由于我国胴体计算方法与国外的不同(见胴体重),所以,胴体瘦肉率的数值往往比别的国家要高(3%~5%)。因此,在比较各国猪胴体瘦肉率时应当予以注意。

(2)胴体组成性状的遗传与选择 胴体组成性状属于高遗传力性状,其估计值为0.4~0.6。这些性状通过选择可以获得较大的遗传进展(表4-4)。

表4-4 胴体组成性状的遗传力估计值

性状	均值	遗传力范围
屠宰率	0.31	0.20~0.40
平均背膘厚	0.50	0.30~0.74
眼肌面积	0.48	0.16~0.79
胴体瘦肉率	0.46	0.40~0.85

背膘厚反映猪的脂肪沉积能力,它与肌肉生长存在强遗传相关。通过选择背膘厚可使胴体瘦肉率获得较大的相关反应;眼肌面积的遗传力较高,一般都重视对它的选择,一些活体直接测量眼肌厚度等设备的应用,为个体表型选择以增大眼肌面积提供了现代化手段;臀和腿是胴体中产瘦肉最多的部位,长期以来在提高胴体瘦肉率的选择中都十分重视对它的选择,所以现代瘦肉型猪的腿臀部发育良好。

近年来发现，腿臀部肌肉过度发育与肌肉品质呈负相关。如比利时的皮特兰猪和长白猪以及德国长白猪的腿臀部极端发达，PSE 肉[在肉品兽医卫生检验上称为“白肌肉”，即肉色灰白(pale)、肉质松软(soft)、有渗出物(exudative)]的发生率也最高。这就提示我们在瘦肉型猪的选择中，不要过度追求腿臀部的发达程度，要注意猪的整体结构的协调性。

二、种猪的阶段选择

选择后备种猪应根据品种类型特征、生长发育状况、体型外貌及仔猪的健康状况等进行。后备种猪的选留对后备种猪群质量的优劣有直接关系。因此，要严格把关，选择符合标准的优良个体作为后备种猪。

后备种猪选择的时期，可在仔猪断乳后到初次配种前这一阶段进行。开始选留时可以多留些，随着月龄增长和生长发育，某些生长发育不良或有生理缺陷的个体开始暴露出来，这时就可以适时淘汰这些个体。后备种猪在初次配种前还要作最后一次选择，主要是淘汰那些性器官发育不理想、性欲低下、精液品质不良的后备种公猪和发情周期没有规律性、不发情或发情症状不明显的后备种母猪。

1. 断乳阶段选择

断乳阶段选择即在仔猪断乳时进行。应根据父母和祖先的品质(即亲代的种用价值)，同窝仔猪的整齐度以及本身的生长发育(断奶重)和体质外形进行鉴定。挑选的标准为：符合本品种的外形标准，生长发育好，体重较大，皮毛光亮，背部宽长，四肢结实有力，乳头数在 6 对以上。外貌要求无明显缺陷、失格和遗传疾患。失格主要指不符合育种要求的表现，如乳头数不够，排列不整齐，毛色和耳形不符合品种要求等。遗传疾患如疝气、乳头内翻、隐睾等。这些性状在断奶时就能检查出来，不必继续审查，即可按规定标准淘汰。由于

在断奶时难以准确的选种，应力争多留，便于以后精选，一般应为留种量的 4～5 倍。

2. 生长阶段选择

生长阶段选择是选种的重要阶段，因为此时是猪生长发育的转折点，多数品种活重可达到 90 千克左右。通过本身的生长发育资料和同胞测定资料，基本上可以说明其生长发育和肥育性能的好坏。这个阶段选择强度应该最大，一般为留种数量的 1.5 倍。这是因为断奶时期对猪的好坏难以准确判断。

此期间重点对日增重或体重、背膘厚(活体测膘)、体长和饲料利用率，同时可结合体质外貌和性器官的发育情况，并参考同胞生长发育资料进行选种。机能形态方面包括：结构匀称，身体各部位发育良好，体躯长，四肢强健，体质结实；背腰结合良好，腿臀丰满；健康，无传染病(主要是慢性传染病和气喘病)，有病者不予鉴定；性征表现明显，公猪还要求性机能旺盛，睾丸发育匀称，母猪要求阴户和乳头发育良好；食欲好，采食速度快，食量大，更换饲料时适应较快；合乎品种特征的要求。

此外，一般猪种在 6 月龄时都有发情表现，此时可用成年公猪诱情，多次诱情没有明显发情表现的不宜留种。地方品种猪此时可以配种，培育品种和国外品种一般要推迟 1～2 月。配种时表现不好，如有以下情况者应予淘汰：至 8 月龄后毫无发情征兆者；明显发情但拒配；一个发情期内没有稳定的站立反应或连续配种 3 次未受胎者；断乳后 2～3 月龄无发情征兆者；母性太差者；生殖器官发育异常者。公猪性欲低、精液品质差，所配母猪产仔均较少者也应淘汰。

3. 母猪初产后选择

经过前两次筛选，对其父母表现、个体发育和外形等已经有了比较全面的了解，所以此时的选择主要看其繁殖力的高低。对母猪初产的仔猪达到断奶时，淘汰产生畸形、脐疝、隐睾、毛色和耳形等不符合育种要求的仔猪的母猪和公猪；对产仔数少的应予以淘汰；对产奶能力差，断乳时窝仔数少和不均匀的应予以淘汰。但是，母猪在产仔数、产奶多少、哺乳成活率等指标上，各胎次的差异有时会很大，故猪第一胎表现一般的应尽量选留。

4.经产母猪选择

此时留下的种猪一般没有太大的缺陷，对重复第一胎产仔数较少(少于 9 头)，哺乳力差(哺育期死亡率高、仔猪发育不整齐)的应予于淘汰。此时该种猪已有后代，对其后代生长发育不佳的母猪应予淘汰。

三、猪的人工授精技术

人工授精在动物育种中的应用已有 70 多年的历史，迄今为止仍是家畜育种中最重要的生物技术。例如，奶牛育种中人工授精发挥了关键的作用。对于猪的人工授精技术，我国从 20 世纪 50 年代开始试验，到 60 年代以后转入应用，并在不少省份推广普及，因此在我国养猪业有深厚的基础。目前人工授精的使用呈现出良好的发展趋势，各地都出现了的猪人工授精服务中心，为养猪场提供优良种公猪精液及技术服务。

1.人工授精的原理

猪人工授精是指借助专门的器械，人工采集公猪精液，经过体外检查和处理后，将合格的精液输送到发情母猪生殖道内，使其受胎的一种繁殖技术。

2.采精与精液处理

(1)采精

①公猪调教：后备公猪 7～8 月龄可开始调教，已本交配种的公

猪也可进行采精调教。具体方法是，将成年公猪的精液、包皮分泌物或发情母猪尿液涂在假台猪后部，将公猪引到假台猪处训练爬跨，也可用发情母猪引诱公猪，待公猪性欲兴奋时，快速隔离母猪。调教公猪爬跨台猪，每天可调教1～2次，每次调教时间不超过15分钟。

②采精前的准备：剪去公猪包皮部的长毛，将公猪体表脏物冲洗干净并擦干体表水渍。集精杯放入38℃内的恒温箱内预热，内覆一次性食品袋，杯口再覆一层过滤纸或清洁消毒过的2～3层纱布，用橡皮筋固定，并下沉2厘米，打开杯盖，并准备好精液分装器、输精瓶、采精时清洁公猪包皮内污物的纸巾或消毒清洁的干纱布等。配制需要量的稀释液，置于水浴锅中预热至35℃。调节质检用的显微镜，开启显微镜载物台上恒温板以及预热精子密度测定仪。

③采精操作过程：将公猪引到假母猪台处，挤出公猪包皮积尿，使用0.1%的高锰酸钾液清洗公猪腹部及包皮，然后再用温水清洗干净并擦干。采精员一手持37℃集精杯，另一手戴双层乳胶手套，按摩公猪包皮部，刺激其爬跨假台猪。待公猪爬跨假台猪并伸出阴茎，脱去外层手套，用手紧握伸出的公猪阴茎螺旋状龟头，要露出螺旋部1厘米，顺其向前冲力将阴茎的“S”状弯曲延直，握紧阴茎龟头防止其旋转回收。注意不能用强力将其拉直，手握阴茎的力度以不让阴茎从手中滑落为准。待公猪射精时收集一份精液于集精杯内，最初射出的少量(5毫升左右)精液不接取，直到公猪射精完毕，阴茎变软。在采精时注意防止其他东西落进采精杯污染精液。下班之前要将采精栏冲洗干净。

④采精频率：采精频率是以单位时间内获得最多的有效精子数决定的，做到定点、定时、定人。成年公猪每周采精不超过3次，青年公猪每周不超过2次。

(2)精液处理

①精液稀释：精液采集后应尽快稀释，原精贮存时间不超过20分钟。稀释液(见表4-5)与精液要求等温，两者温差不超过1℃，即

稀释液应加热至33～37℃，以精液温度为标准，来调节稀释液的温度，不能反向操作。稀释时，将稀释液沿集精杯壁缓慢加入到精液中，然后轻轻摇动或用消毒后的玻璃棒搅拌，使之混合均匀。如作高倍稀释时，应先作低倍稀释（1∶1～1∶2），待0.5分钟后再将余下的稀释液沿壁缓慢加入。按输精量为80～100毫升，含有效精子数30亿以上确定稀释倍数。稀释后要求静置约5分钟后再作精子活力检查，活力在0.6以上进行分装与保存。每头公猪的新鲜精液各按1∶1稀释，混合后根据精子密度和精液量按稀释倍数计算需加入稀释液的量，混匀后分装。

表4-5　常见几种猪精液稀释液配方（单位：克/1000毫升）

成分	配方一	配方二	配方三	配方四
保存时间/天	3	3	5	5
D-葡萄糖	37.15	60.00	11.50	11.50
柠檬酸三钠	6.00	3.70	11.65	11.65
EDTA钠盐	1.25	3.70	2.35	2.35
碳酸氢钠	1.25	1.20	1.75	1.75
氯化钾	0.75	—	—	0.75
青霉素钠	0.60	0.50	0.60	—
硫酸链霉素	1.00	0.50	1.00	0.50
聚乙烯醇（PVP，TypeⅡ）	—	—	1.00	1.00
三羧甲基氨基甲烷（Tris）	—	—	5.50	5.50
柠檬酸	—	—	4.10	4.10
半胱氨酸	—	—	0.07	0.07
海藻糖	—	—	—	1.00
林肯霉素	—	—	—	1.00

注：

①稀释液配制：按照表中稀释液配方，按1000毫升剂量称量稀释粉，置于密封袋中。使用前1小时将称量好的稀释粉溶于定量的双蒸水中，可用搅拌器助其溶解。用0.1 mol/L稀盐酸或0.1 mol/L氢氧化钠调整稀释液的pH为7.2（6.8～7.4）左右，稀释液配好后应

及时贴上标签，标明品名、配制日期和时间、经手人等，配制好的稀释液在1小时后方可用于稀释精液。稀释液可以放在4℃恒温箱中保存，保存时间不超过24小时。

②精液分装：以每80～100毫升为单位，将精液分装至精液瓶或袋中。在瓶或袋上应标明公猪品种、耳号、生产日期、保存有效期、稀释液名称和生产单位等。

③精液贮存：精液置于25℃下1～2小时后，放入17℃恒温箱贮存，也可将精液瓶或袋用毛巾包严直接放入17℃恒温箱内。短效稀释液可保存3天，中效稀释液可保存4～6天，长效稀释液可保存7～9天，无论何种稀释液保存精液，都应尽快用完。每隔12小时轻轻翻动1次，防止精子沉淀而引起死亡。

④精液运输：精液运输时，应置于保温较好的装置内，保持在16～18℃，精液运输过程中避免强烈震动。

(3)精液品质检查　猪精液采取后，首先用4～6层消过毒的纱布，过滤除去胶状物，置于30℃恒温水浴锅中，在室温25～30℃下迅速进行品质鉴定。

①射精量：将采集的精液，立即用4～6层消毒纱布滤除胶状物质，观察射精量。射精量因品种、年龄、个体、两次采精时间间隔及饲养管理条件等不同而异。一次射精量一般为200～400毫升，精子总数为200亿～800亿个。

②颜色和气味：正常精液为乳白色或浅灰色，略有腥味。若呈黄色是混有尿，若呈淡红色是混有血，若呈黄棕色是混有脓，有异常气味者应废弃。

③精子活力：在显微镜下观察呈直线运动的精子所占百分率。检查方法：在载玻片上滴一滴原精液，然后轻轻放上盖玻片（不要有气泡，盖玻片不游动），在300倍显微镜下观察。精子活动有直线前进、旋转和原地摆动3种，以直线前进的活力最强。精子活力评定一般用0.1～1.0的“十级制”，即计算一个视野中呈直线前进运动的精

子数目。100%者为 1.0 级，90%为 0.9 级，80%为 0.8 级，依此类推。活力低于 0.5 级者，不宜使用。精子活力是精液品质鉴定的主要指标。为了准确检查精子活力，在冬天最好将精液、载玻片逐渐升温到 35～38℃。在实际工作中，精液稀释和输精后，特别是保存的精液，在输精前、后，都要进行活力检查。每次输精后的检查方法是将输精胶管内残留的精液滴一滴于载玻片上，放上盖玻片，在显微镜下观察。如果精子活力不好，证明操作上有问题，应当重新输精。

④密度：在显微镜下观察，一般精子所占面积比大的为“密”，反之为“稀”，“密”、“稀”之间者为“中”。“稀”级精液也能用来输精，但不能再稀释。

⑤精子畸形率：正常精子形态为蝌蚪状，凡是精子形态不正常的均为畸形精子。检查方法：取原精液一滴，均匀涂在载玻片上，干燥1～2分钟后，用 95%酒精固定 2 分钟，再用蒸馏水轻轻地冲洗；干燥片刻后，用美蓝或红（蓝）墨水染色 3 分钟；最后用蒸馏水冲洗，干燥后即可镜检。镜检时通常计算 500 个精子，用下列公式计算：精子畸形率=（畸形精子总数/500）×100%。一般猪的精子畸形率不能超过 18%。每头公猪每两周检查一次精子畸形率。

⑥精子抗力的测定：通过抗力的测定，可以了解精子品质好坏。抗力测定是用 1%氯化钠溶液来进行，因该溶液对精子有一定破坏作用，并因量的增加而增强。精子如能经受较多的溶液，则抗力较强。测定抗力时保持周围温度在 18～25℃，用吸管吸取 0.02 毫升原精液放在玻璃瓶内，然后由滴定管滴入消过毒的 1%氯化钠溶液 10 毫升，轻轻摇动。用玻璃棒取出一滴来镜检。如发现仍有前进运动的精子，可再滴入 10 毫升 1%的氯化钠溶液，直到精子完全停止前进运动为止。整个测定时间不能超过 15 分钟，最后按下列公式计算：抗力指数=加入的 1%氯化钠溶液总量/0.02 毫升原精液，猪精液的抗力指数不能低于 1000。

检查精液品质的标准，要进行综合全面分析，不得以一项指标得出判断结果。如果精液色泽好、密度大、活力高、畸形率低、抗力大，则其受胎率高；相反，色泽不好，每毫升精子数在5亿个以上，活力在0.6以下，抗力指数低于1000，畸形率在20%以上时，一般不得用于配种。

(4)人工授精的操作要点 对发情母猪进行人工输精，一般是在母猪发情出现静立反射后8～12小时进行第1次输精，之后每间隔8～12小时进行第2次和第3次输精。具体人工输精的操作要点如下：

①输精前，除所用器械消毒外，必须清洗消毒母猪外阴部(用0.1%高锰酸钾或千分之一新洁尔灭菌液)。

②最佳输精量如表4-6。可以看出，对本地猪输精10～20毫升，只要精液品质优良，做到适时输精，可得到良好的效果。在一定范围内，每次输精所含精子数越多，效果越好。而以每次输入精子数在50亿～110亿为宜。

③掌握适宜的输精时间：由于采用人工授精，没有公猪效应或效应很低，所以母猪的发情不易观察出来，即使发觉了发情，而授精也常不适时。为了解决这个问题，一般采用发情期两次输精法，时间间隔为12～24小时。此外，采用不同的输精速度，母猪的受胎率也不一样。

④输精管插入深度为：大母猪30～40厘米，小母猪15～20厘米。即子宫颈第2、3皱襞处的子宫颈部。

表4-6 输精量与受胎率、产仔数调查统计

输精量(毫升/头)	输精头数	受胎头数	受胎率(%)	产仔数
3～5	36	30	83.33	11.8
8～12	1100	941	85.50	10.9
10～15	505	461	91.28	12.5
15～20	125	115	92.00	12.7
20～25	1941	1803	92.88	10.2
30～60	36	29	80.6	10.2

⑤在输精时,可将输精管旋转,轻摇,同时用手按压臀部或抚摩乳房,能使母猪增加"快感"。抬高臀部可利于输精,如有公猪气味刺激则效果更佳(可人工制作)。

⑥输精结束时,应拍打母猪臀部,促使全身肌肉收缩,子宫口也随之收缩,可起到防止精液倒流的作用。

实践证明,采用人工授精虽比自然交配受胎率略低一些,但如果能掌握母猪发情规律并采用细致的操作技术,就能弥补受胎率低的不足。

第五章

种猪的饲养管理

从仔猪育成阶段结束到初次配种前是后备猪的培育阶段。培育后备猪的目的是要获得体格健壮、发育良好、具有品种典型特征和高度种用价值的种猪。

为了使养猪生产保持较高的生产水平，每年必须选留和培育出占种猪群25％～30％的后备公(母)猪，来代替年老体弱、繁殖性能低的种公(母)猪。只有使种猪群保持以青壮年猪为主体的比例结构，才能保持并逐年提高养猪的生产水平和经济效益。由此可见，培育好后备公(母)猪即是养猪生产的基本建设，又是提高生产性能的关键所在。

一、后备猪的培育

1.后备猪的生长发育特点

猪的生长发育是一个很复杂的过程。掌握后备猪的生长规律，可在其生长期的不同阶段控制饲料类型和营养水平，促进其某些部位和器官组织的生长或相对发育程度，使后备猪发育良好。对于后备猪要体格健壮，骨骼结实，有发达而机能完善的消化器官、血液循环系统、生殖器官、适度的肌肉组织和脂肪组织。而过度发达的肌肉和大量的脂肪沉积均会影响繁殖性能。

体重是身体各部位及组织生长的综合度量指标,并表现着品种的特性。在正常的饲养条件下,后备猪体重的绝对值随年龄的增加而增大,其相对生长强度则随年龄的增长而降低。如长白猪体重增长变化如表 5-1。

表 5-1　长白猪生长发育指标

项目	性别	三月龄	四月龄	五月龄	六月龄	七月龄	八月龄
体重（千克）	公	36.43	60.1	79.83	100.68	122.83	134.33
	母	33.57	51.67	67.77	84.25	101.27	119.34
日增重（克）	公	789	657.7	695	738.3	383.30	—
	母	—	603.3	536.7	549.3	567.3	602.30
体长（厘米）	公	88.33	103.08	115.50	124.33	134.17	140.33
	母	84.50	98.21	109.63	118.16	126.05	132.05
体高（厘米）	公	45.22	52.67	58.98	62.83	69.25	73.00
	母	43.75	49.17	55.54	59.52	64.13	67.00
胸围（厘米）	公	71.00	82.17	92.83	98.17	105.67	109.50
	母	68.45	77.53	85.74	92.42	99.53	106.00
腿臀围（厘米）	公	58.50	70.50	79.33	82.17	86.50	90.33
	母	56.74	66.58	73.68	77.16	80.68	84.63
背膘厚（厘米）	公	4.33	4.67	7.17	10.33	11.83	12.83
	母	4.00	4.37	6.79	9.53	12.26	14.68

猪体各部分及各组织的生长速度及发育程度,决定了猪是否早熟。这是猪的品种和类型的特征。如脂肪型猪成熟较早,各组织的快速生长期来得也早。中国猪活重在 75 千克左右时,脂肪和肌肉的比例达到了屠宰适期,而腌肉型猪在同样体重时身体正在生长,蛋白质正在快速沉积,脂肪比例较小,后腿欠丰满。因此,晚熟型猪的脂肪比例较小。

猪体各部位和组织生长速度的不平衡性,既揭示了其身体生长的内在规律,同时也为创造符合不同生产方向的高产种猪群提供了依据。我们要把饲养管理作为遗传性显现的条件,顺应其生长特点

进行饲养，或作为改变其生长模式和各组织器官相对发育程度的手段。

2.后备猪的饲养

后备猪良好的种用体况是性征明显、无疾患、发育良好，在6～10月龄(品种不同、要求不同)体重达成年猪的50%～60%时配种，不应过肥，以免发生繁殖障碍。

(1)在配制后备猪日粮时，要营养均衡及原料多样化　在配制方法上，常采用前高后低的营养标准，但应注意能量和蛋白质的比例。由于生长和繁殖期的营养需要量不同，后备母猪日粮比商品育肥猪的日粮含有更高水平的蛋白质和必需的氨基酸、维生素和微量元素。如从30千克体重开始，后备母猪日粮的钙磷水平比育肥猪至少要高0.1%。配合饲料的原料要多样化，至少5种以上。原料种类多，既可保持营养需要，又可保持酸碱平衡。原料种类应尽可能不变，若非变不可，要采取逐渐变换的方法，以免引起猪食欲不振或消化不良。

(2)在饲喂方法上，宜采用定时定量和分阶段饲养法　后备猪适宜的饲喂量，既可保证后备猪良好的生长发育，又可控制体重的高速增长及器官系统的充分发育。一般来说，体重达到80千克前，饲料的日喂量占其体重的2.5%～3.0%；体重达到80千克后，日喂量占体重的2.0%～2.5%，日增重500克左右。

后备猪随着体重的增加，消化机能发育完善，消化吸收能力加强，不仅食欲旺盛、食量大，且贪睡。若不限制食量，容易上膘变肥，且易因过食形成垂腹，因此，现代高产母猪的饲喂可采用如下模式：

①生长育肥前期的饲养管理(30～70千克)：采用生长育肥期饲料，自由采食。

②生长育肥后期的饲养管理(70～100千克)：采用后备母猪专用饲料，自由采食，要求日龄在145～150天时，体重达95～100千克，背膘厚为12～14毫米。

③体重从 100 千克至配种前，饲喂后备母猪料根据膘情适当限制或增加。

④配种前 10～14 天：后备母猪达到初情并准备配种时，我们可以使用催情补饲的方法来增加卵巢的排卵数量，从而增加约 1 头窝仔数。具体方法：后备母猪在配种前 10～14 天开始自由采食，增加采食量，或者从后备母猪第一个发情期开始，要安排喂催情饲料，比规定料量多 1/3，配种后料量减到 1.8～2.2 千克。不过使用催情补饲在后备母猪配种当天，必须立即把采食量降下来，否则在怀孕前期过量饲喂会导致胚胎死亡率上升，减少窝仔数。

(3)适当添加抗生素　为了促进后备猪的生长发育，有条件的种猪场可饲喂些优质的青绿饲料。引入后备猪的第一周，在饲料中要适当添加一些抗应激药物，如维力康、维生素 C、多维矿物质添加剂等。同时还要在饲料中适当添加一些抗生素药物，如呼诺玢、呼肠舒、泰灭净、强力霉素、利高霉素、土霉素等。

(4)注意饲料的安全性　不安全的饲料会危害后备母猪的生长发育及发情表现，造成后备母猪及繁殖母猪的淘汰比例增大。如霉菌毒素及饲料中高铜对后备猪的生长和繁殖具有较大的危害。

3.后备猪的管理

要使后备猪发育良好、体质健壮，并有良好种用价值，就必须加强管理。

(1)实行单圈饲养　后备公猪达到性成熟后，应实行单圈饲养，因后备公猪达到性成熟后，会烦躁不安，经常相互爬跨，不好好食料，生长缓慢，尤其是性成熟早的品种更是如此。实行单圈饲养，合群运动，除自由运动外，还要进行放牧或驱赶运动，这样既可保证食欲，增强体质，又可避免造成自淫恶癖。

(2)运动　运动对后备猪是非常重要的，因为它可以增强体质和性生活的能力，促进骨骼和肌肉的正常发育，增加骨密度，保证匀称

结实的体型，防止过肥或肢蹄不良，防止发情失常和寡产。伴随四肢的运动，全身有75％的肌肉和器官同时参加运动。尤其是放牧运动可呼吸新鲜空气，接受日光浴，拱食鲜土和青绿饲料，对促进生长发育和提高抗病力都有良好的作用。

(3)调教　在工厂化养猪中，为了降低饲养者的劳动强度，减少占地面积以及便于管理，对后备猪要进行合理的分群并加强调教。公母要分群饲养，后备公猪单栏饲养。后备母猪小群饲养，可按体重分成5～8头/栏的小群饲养。饲养密度过高，影响生长发育，易养成咬尾、咬耳恶癖。后备猪从小要加强调教，建立人畜亲和关系。从幼猪阶段开始，利用称量体重、饲喂时进行口令及触摸等亲和训练，尤其是对耳根、腹侧和乳房等敏感部位的触摸，这些训练除便于以后的管理、疫苗注射外，还可促进乳房的发育，同时也便于将来采精、配种、接产、哺乳等繁殖过程的操作管理。怕人的公猪性欲差，不易采精，怕人的母猪常出现流产和难产现象。所以，饲养者不要对其打骂。

(4)称重　后备母猪的体格发育水平应受到高度重视，因为这是后备猪进入繁殖群后能否达到最大程度的繁殖周期和繁殖性能的关键。为了掌握猪的生长发育情况，可每月称重一次，6月龄后加测体长，并统计其饲料消耗量。任何品种的猪都有一定的生长发育规律，即不同的月龄具有其相对应的体重范围。通过称重，可知其发育的优劣，适时调整饲料的营养水平及饲喂量，使之达到品种发育的要求。

(5)新引进的种猪隔离饲养　新引进的种猪不能直接转进猪场生产区，应先在隔离舍隔离饲养40～45天，进行严格检疫，避免带来新的疫病或者由不同菌(毒)株引发相同的疾病。转入生产线前一个月(即母猪7月龄、公猪8月龄)最好与本场老母猪或老公猪混养两周以上。

(6)做好后备猪的免疫驱虫工作　按进猪日龄，分批次做好免疫计划、限饲优饲计划、驱虫计划并予以实施。后备猪配种前，对猪体进行杀灭寄生虫一次，并进行乙脑、细小病毒、猪瘟、口蹄疫、伪狂犬、蓝耳病等疫苗的注射。

饲养者要做好后备猪发情记录，并将该记录移交配种员。母猪发情记录从 6 月龄时开始。仔细观察初次发情期，对月龄达到 7.5 月，体重达 110 千克以上且发情 2～3 次的母猪，及时配种，并做好记录。此外，后备猪同样需要防寒保暖、防暑降温、清洁卫生等适宜的环境条件。

4.后备猪的初配

后备猪生长发育到一定月龄和体重时，便有了性行为和性功能，称为“性成熟”。达到性成熟的公母猪具有繁殖能力，可配种产生后代。后备猪达到性成熟的月龄和体重，随品种类型、饲养管理水平和气候条件等的不同而有差别。如猪的不同品种类型所产生的不同性成熟年龄为：

(1)地方品种　后备公猪生后 2～3 月龄，后备母猪生后 3～4 月龄，体重达 30～50 千克。

(2)培育(引入)品种　后备公猪生后 4～5 月龄，后备母猪生后 5～6月龄，体重 60～80 千克。

达到性成熟的后备公母猪虽具有繁殖能力，但身体各组织器官包括生殖器官在内，还处在进一步的生长发育中，各种功能还需要进一步完善。若其配种过早，不仅影响第一胎的繁殖成绩，还将影响身体的生长发育，降低成年时的体重和终身的繁殖力。如青年母猪达到性成熟时，其卵巢和子宫的重量仅为经产母猪的 1/3 左右。由于卵巢没有发育完善，排卵数少，子宫小，必然限制胚胎的着床和胎儿的生长发育，所以过早配种会出现产仔数少、初生体重小的现象。另外，刚达到性成熟的母猪，乳腺发育不完善，泌乳量少，造成仔猪成活率低，断奶体重小等缺陷，从而可影响以后的生长发育。若后备猪配

种过晚，则一方面加大了后备猪的培育费用，造成经济损失，另一方面由于配种较晚，体内会沉积大量脂肪，身躯肥胖，体内及生殖器官周围蓄积脂肪过多，造成内分泌失调等一系列繁殖障碍。确定后备猪开始使用的依据是品种、月龄和体重。不同品种的后备猪开始配种的适宜时期为：

后备公猪：早熟地方品种在6～7月龄、体重60～70千克。

晚熟的培育品种在7～8月龄、体重120～130千克。

后备母猪：早熟地方品种在6～8月龄、体重50～60千克。

晚熟大型品种及其杂种在7～8月龄、体重110～120千克。

后备猪达到配种标准，必须有一定的月龄和体重。若饲养管理条件较差，虽月龄已达配种标准而体重仍较轻，最好适当推迟配种开始期，同时加强饲养管理，使其体重尽快达到要求。如果饲养管理较好，虽体重已接近配种体重标准而月龄尚小，最好提前通过调整饲料营养水平和喂量来控制增重，使各器官和机能得到充分发育。

表5-2 后备母猪日龄对第1次配种成绩的影响

配种日龄	产仔数	活仔数
＜190	11.15	10.25
190～200	11.30	10.50
201～210	11.40	10.50
211～220	11.60	10.70
221～230	11.75	10.80
231～240	11.80	10.45
240～250	11.00	10.70
＞250	10.50	9.65

二、种公猪的饲养管理

种公猪饲养的主要目标是:种公猪体质结实,性情温顺,体况不肥不瘦,精力充沛,性欲旺盛,精液品质良好。

1.公猪的饲养

(1)种公猪营养需要特点 非配种期,消化能达 12.55 兆焦/千克;粗蛋白占 13%~14%。配种期,消化能达 12.99 兆焦/千克,粗蛋白占 16%~18%,钙为 0.8%~0.9%、磷为 0.7%~0.8%、氯化钠为 0.3%~0.6%、维生素 A 为 3531IU、维生素 B 为 177IU、维生素 E 为 8.9IU、赖氨酸为 0.75%。

(2)日粮组分要求 要满足公猪自身体能,精液生成及配种活动等需要,就必须达到适宜的能量水平。一般饲料中消化能应达到 12.15~12.99 兆焦/千克。公猪饲料中能量太低或采食量太少,公猪容易消瘦,性欲降低,随之而来的是其精液品质的下降,造成使用年限缩短。而能量太高或采食量太大,公猪容易增肥,过肥的公猪一般不愿运动,易引起肢蹄病,配种或采精困难,从而导致性欲下降,精液品质差等。

公猪精液中干物质的主要成分是蛋白质,因此,饲料中蛋白质不好或摄入蛋白质量不好时,均可降低种公猪的性欲、精液浓度、精液量和精液品质。此外,研究表明日粮中色氨酸缺乏可引起公猪的睾丸萎缩,从而影响其正常生理机能。建议种公猪饲料中使用进口鱼粉,严禁使用棉籽粕、菜籽粕饲喂种公猪。

矿物质元素:饲料中钙磷要有较高的含量且比例适当。此外,缺乏硒、锌、碘、钴、锰等元素时,可影响公猪的繁殖机能,造成公猪睾丸萎缩,影响精液的生成和精液品质。此外,有机硒也能够有效提高精液品质。

维生素:饲料中维生素 A、C、D、E 等对公猪睾丸发育及性机能

具有重要作用，其中虽然没有证据表明维生素 E 能提高种公猪的生产性能，但能提高免疫能力和减少应激，从而提高公猪的体质。

(3)公猪饲料配合注意事项　对公猪的饲料的配制要严格按饲养标准，全价日粮要配制生理酸性饲料（多使用一些如谷物、糠麸、油饼等）。其中应含有一定比例动植物蛋白质饲料（鱼粉、鸡蛋、肉骨粉和豆饼等）。如果后备公猪长期给予高蛋白饲料（19%），就会得肢蹄病，从而影响采精。种公猪不宜长期饲喂高能量饲料，否则，易使公猪体内沉积过多脂肪，造成性机能显著降低。

饲料原料的种类要多样化，但不可选择太多粗饲料，以免把肚皮撑大，妨碍交配；日粮组成应保持 3 种以上，粗蛋白含量不得低于 15%；高能量饲料如玉米、米糠等不宜大量饲喂；动物性蛋白饲料如蚕蛹、鱼粉等宜适当多喂，豆类、饼类及大小麦等都是喂养种公猪的优良饲料；配种季还应适当加喂小鱼或鸡蛋等，以提高精液品质。

饲喂适量的青饲料：在饲喂配合饲料的同时，每天要添加 0.5～1 千克的青绿多汁饲料，可保持公猪良好的食欲和性欲，而且还可以提高精液的品质。

(4)公猪的饲养方式　因自由采食可能出现种公猪过肥、腹部下垂、四肢多病、采精困难、精子品质低劣等现象。因此，公猪的饲养常采用限制饲喂的方式。饲喂量一般为：后备公猪日喂 1.5～2 千克精料；成年公猪在非配种期日喂 2～2.5 千克，配种时期日喂 2.5～3.2 千克。

(5)种公猪饲喂注意事项　种公猪日粮应以精料（专用）为主，少喂高能量的饲料，适量搭配青饲料，防止种猪过肥；限量饲喂，定时定量，每餐不要喂得过饱，以免饱食贪睡，造成过肥。日喂2～3次；配种高峰期日均增加饲料 0.5 千克；每头每日加喂 1 枚鸡蛋；在冬季气温 15℃以下时，适当提高能量水平或采食量；夏季每头每日喂青饲料 1.5千克；采用湿拌料，调制均匀，保证充足的饮水，食槽内剩水、剩料要及时清理更换。

2.种公猪的管理技术

(1)单圈饲养 单圈猪栏设计要合理;占地面积6～7平方米,猪栏高1.5米;地面平整而不光滑;舍内清洁、干燥,舍外有运动场;外购种公猪,先隔离饲养。

(2)适量运动 运动不仅有助于提高繁殖机能,保持性欲,而且还可以防止公猪过肥;运动不宜过量,每天上、下午各运动1次,每次运动1小时,行程1～2千米;要注意避开恶劣天气,时间安排最好是夏天早晚,冬天中午;对于大型猪场饲养公猪可采用在场内建立环形跑道,实行分群饲养,合群驱赶运动,以保证公猪有适宜的运动量,增强体质。

(3)刷拭、修蹄 经常修蹄,可使其保持清洁,因为猪蹄病变会影响采精、妨碍运动。在配种时,若公猪有蹄病,母猪易被刮伤。

每天按时给种公猪刷拭、清洁皮肤1～2次,可以使体表美观;消灭体外寄生虫;促进皮肤代谢和血液循环;提高性活动机能;可使种公猪和采精员建立感情,易于采精和辅助配种。夏季每天可让公猪洗澡1～2次,但切忌采精后或冬季洗冷水澡。

(4)适宜的环境条件 成年种公猪舍适宜温度是15～25℃,相对湿度为65%。公猪对高温最为敏感,短时间的高温可引起睾丸温度升高,导致公猪性欲和交配能力下降,长期持续高温,会使死精较多,返情率大增。研究表明当环境温度高于27℃时,应注意公猪的防暑降温,当环境温度低于15℃时,注意公猪的保温。在高温季节里,经常刷拭、冲洗猪体。安装喷水装置,每天轮流安排公猪到此处进行淋水、刷洗1次,这有助于提高公猪生产性能及抗病力。

良好的光照对促进公猪生长发育、提高繁殖力和抗病力、改善精液品质都十分有益。

有效控制舍内有害气体的危害,特别是冬天公猪舍空气污浊,应处理好通风换气与保温的关系。

(5)定期体检 定期对公猪进行体重和精液品质检查测定,以保

证公猪具有健康的体质和良好精液品质。

(6)固定配种舍 修建固定种舍，可以使公猪建立条件反射；配种场地宜靠近母猪舍而不宜靠近公猪舍，而且要求地面平坦不滑，无杂物；人工授精的猪场可使采精室与精液检查室相连。

(7)种公猪的淘汰与更新原则 公猪选种以利用年限为基准，淘汰率在30%～35%。因公猪使用年限较长，就会年老体衰，配种机能衰弱、生产性能低下，所以应对其进行淘汰。自然交配一般不超过2年，采精则在3～4年。对体躯笨重、精液品质差、配种成绩不理想、性情凶暴的公猪也应及时淘汰。同时应根据品种更新、品系选留、净化疫病及猪场内数量调整等原则，对原有公猪群进行有计划、有目的的选留和淘汰。

公猪的异常淘汰是指由于生产中饲养管理不当、使用不合理、疾病发生或公猪本身未能预见的先天性生理缺陷等诸多因素造成的青壮年公猪被淘汰。其原因包括体况过肥或过瘦；精子活力差；与配母猪分娩率及产仔数低；性欲低下；繁殖疾病；肢蹄病；有恶癖或对人有攻击行为。

(8)卫生防疫 公猪的使用年限较长，容易生病。因此在加强公猪舍的环境卫生控制，保持栏圈清洁，定期清洗消毒的同时，应严格按照猪场制定的防疫程序，进行各种疫苗的接种，确保公猪的健康无病。在注射疫苗期间，要给公猪的饲料或饮水中添加3～4天的维生素合剂。

3.合理利用

过早或过晚配种不利于公猪的健康和养猪生产；过度采精也会降低精液品质、影响受胎率和产仔数、造成种公猪早衰；反之长期禁欲同样会损害种公猪的繁殖机能。

(1)初配月龄 小型品种初配时间在5～6月龄，体重在70～75千克；大型瘦肉型品种初配时间在7.5～8月龄，体重在120千克以上(达到成年体重的50%～60%)。配种前半月要有2次精液的检查过程,确保公猪精子活力在0.8以上,密度中等以上,才能投入使用。

(2)公母猪比例 自然交配:1∶(20～25);人工授精:1∶(200～300)。

(3)利用强度 公猪年龄小于9个月时精液品质较差,而公猪在2～3岁时精液的品质最好。因此,公猪的使用要注意利用频率,过度使用会导致公猪早衰。一般在调教期12～16月龄时每周采精1～2次;1～2岁每周采精2～3次;2～5岁每周采精4～5次;在采精繁忙季节可每天1次,每日采精不得超过2次,连续使用时每周应休息1天;5岁以上每隔1～2天1次。

(4)配种注意事项 配种应有专门的场地,地面平坦而不滑,以防止发生意外;配种应在吃料前1小时或吃料后2小时进行。自然交配时如公母猪体格相差较大,可采用配种架,进行人工辅助配种;配种后不能立即赶公猪下水洗澡或卧在潮湿的地方;在气温高的夏季,配种应在早、晚凉爽时进行,寒冷季节宜在气温较高时进行。公猪长期不配种,会影响性欲甚至丧失,精液品质也会很差。因此,在非配种季节,可定期或半月左右人工采精1次。

三、妊娠母猪的饲养管理

1.母猪的发情与配种

(1)母猪发情症状 母猪成熟以后,卵巢中有卵泡成熟和排卵过程,并有周期性地重演。我们把某次发情排卵到下次发情排卵的这段时间称之为"性周期"或"发情周期"。猪的发情期约为21天,发情持续期因品种、年龄的差异而有所不同,最长的可达7天,最短的只有半天,平均约5天。一个发情周期大致分为四个阶段,即发情前期、发情期、发情后期、休情期。

①发情前期:这是性周期的开始阶段。此阶段母猪卵巢中的卵泡加速生长,生殖腺体活动加强,分泌物增加,生殖道上皮细胞增生,

外阴部肿胀且阴道黏膜由浅红变深红，出现神经症状，如东张西望，早起晚睡，在圈里不安地走来走去，食欲下降，不接受公猪爬跨。

②发情中期：这是性周期的高潮阶段。卵巢中卵泡成熟并排卵，生殖道活动加强，分泌物增多，子宫颈松弛，外阴部肿胀到高峰，充血发红，阴道黏膜颜色呈深红色。追找公猪，精神发呆，站立不动，接受公猪爬跨并允许交配。

③发情后期：排出的卵细胞未受精，进入发情后期阶段。此时期母猪性欲减退，有时仍走动不安，爬跨其他母猪，但拒绝公猪爬跨和交配，阴户开始紧缩，用手触摸背部有回避反应。

④休情期：继发情之后，性器官的生理活动处于相对静止期。黄体逐渐萎缩，新的卵泡开始发育，逐步过渡到下一个性周期。

在实践中常会见到母猪产后发情，且多在分娩后 2～3 天出现。由于母猪产后不久，缺乏卵泡的生长，而且不排卵，所以这是一种不能受孕的发情。

在正常情况下，母猪受胎后不再发情。但有的母猪还会出现发情症状，这叫做“妊娠发情”，发情症状轻微而又易于消失。

⑤母猪激素活动周期变化：母猪到哺乳期结束时，血液中雌激素和卵泡激素水平开始上升，促黄体素不断增多，发情期达到顶峰。在妊娠期间，孕酮是保护妊娠至关重要的一种激素，所以要通过营养调节来提高这种激素的浓度，因为，雌激素和促卵泡激素的浓度越高，母猪发情越早，并能产生更多的卵子（提高产仔数的机会）。黄体素浓度越高，形成胎儿越多；孕酮水平越高，妊娠期胎儿成活率越大。

(2)促进母猪发情的方法　要使母猪同期发情配种，提高母猪年产仔窝数，就需要促进母猪提早发情。有的母猪在仔猪断奶后 10 天仍不发情，除改善饲养管理条件外，还应采取措施促进发情。控制母猪正常发情的方法主要有公猪诱导、合群并圈、按摩乳房，和注射激素催情。

①公猪诱导法：经常用试情公猪去追爬不发情的空怀母猪，通过公猪分泌的外激素气味和接触刺激，以及神经反射的作用，引起脑下

垂体分泌卵泡激素,促使母猪发情排卵。此法简便易行,是一种有效方法。另一种简便有效的方法是,播放公猪求偶声录音磁带,利用条件反射作用试情,连日试情,这种生物模拟的作用效果也很好。

②合群并圈:把不发情的空怀母猪合并到发情母猪的圈内饲养,通过爬跨等刺激,促进空怀母猪发情排卵。

③按摩乳房:对不发情的母猪,可采用按摩乳房的方法促进发情。方法:每天早晨喂食后,用手掌按摩每个乳房表层10分钟左右;经过几天母猪有了发情症状后,再每天进行表层及深层按摩各5分钟,配种当天深层按摩约10分钟。表层按摩的作用是,加强脑垂体前叶机能,使卵泡成熟,促进发情。深层按摩是用指尖端放在乳房周围的皮肤上,不要触到乳头,作圆周运动,按摩乳腺层,依次按摩每个乳房。其主要作用是促使脑垂体分泌黄体生成素,促进排卵。

④并窝:把产仔少和泌乳力差的母猪所生的仔猪待吃完初乳后全部寄养给同期产仔的其他母猪哺育,这样母猪可提前回奶,提早发情配种,增加产次和年产仔数。

⑤利用激素催情:给不发情的母猪按每10千克体重注射毛膜促性腺激素(HCG)100IU或孕马血清(PMSG)1毫升(每头肌肉注射800～1000IU),有促进母猪发情排卵的效果。

对膘情太差的母猪加强饲养,对太肥胖的母猪要加强运动,减少营养,甚至停料停水1天促进发情,对于那些生殖器官有病又不易医治好的母猪和繁殖能力低下的老龄母猪应及时淘汰,补充优秀的后备母猪。

(3)适时配种　要提高母猪的受胎率和增加胚胎的数量,不仅要求公猪提供品质优良的精子、母猪多排出能够受精的卵子,还要使公母猪在适宜的时间内交配,使大部分卵子有机会受精。这是决定受胎率高低和产仔数多少的关键。

试验证明,精子到达母猪输卵管内的时间很短,经过获能作用后,具有受精能力的时间比卵子具有受精能力的时间长得多。所以,必须在母猪排卵前,特别是在排卵高峰阶段前数小时配种或输精,即

在母猪排卵前2～3小时，或发情开始后的24～36小时开始配种或输精，使精子等待卵子的到来。

因为不同品种、年龄及个体排卵时间有差异，所以确定配种时间时，应灵活掌握。从品种来看，我国地方猪种发情持续期较短，排卵较早，可在发情的第2天配种；引入品种发情持续较长，排卵较晚，可在发情的第3～4天配种；杂种猪可在发情后第2天下午或第3天配种。从年龄来看，引入的青年母猪发情期比老龄母猪短，而我国地方品种则相反。由此可见，“老配早，小配晚，不老不少配中间”的配种经验，符合我国猪种的发情排卵规律。

从发情表现来看，母猪精神状态从不安到发呆（手按压腰臀部不动），阴户由红肿到淡白并有皱折，黏液由水样变黏稠，此时，母猪已达到适配期。当阴户黏膜干燥，拒绝配种时，表示适配时间已过。

目前，在一个发情期内配种两次或输精两次的办法比较好，因为，这样可使母猪在排卵期间，总会有精力旺盛的精子在受精部位等候卵子的到来。一个发情期内的两次配种或输精的间隔时间，因猪的品种类型、年龄和饲养管理条件不同而稍有变化。一般认为，发情母猪在接受公猪爬跨后8～12小时第一次配种，隔12小时进行第二次配种，受胎率和产仔成绩都比较好。

(4)配种方法　配种方法有本交和人工授精两种。本交又可以分为自由交配和人工辅助交配。

自由交配：交配场应选择离公猪舍较远、安静而平坦的地方，交配应在公、母猪饲喂前或食后2小时进行。配种时，把母猪赶入交配地点，与公猪交配。

与配的公母猪，体格最好大小相仿，如公猪比母猪个体小，配种时应选择斜坡的地势，让公猪站在高处；如公猪比母猪个体大，可让公猪站在低处。若公猪体格很大，要防止母猪因公猪爬跨而导致骨折的危险发生。

天气不好时要在室内交配，夏天在早、晚凉爽时交配，配种后切忌立即下水洗澡或卧在阴湿的地方。

人工授精：自1978年以来，我国猪人工授精技术的推广有了很大进步，但发展很不平衡，其中以江苏的普及率最高。人工授精技术，不仅可提高猪群品质，而且可以减少劳动力和饲料，提高经济效益。因此，采用人工授精，应是我国养猪发展的一个方向。人工授精有许多优点：可以提高优良公猪的利用率，减少公猪的饲养头数，可以克服公母猪体格大小悬殊时进行本交的困难，避免疾病的传播，可解决多次配种所需要的精液。

另外，人工授精技术与繁殖控制技术相结合，可以使母猪同期发情和诱发分娩，使猪群管理更加方便，有利于全进全出的现代化养猪生产体系的建立。

(5)妊娠诊断 受精是母猪妊娠的开始，及时诊断母猪妊娠是保证母体内胎儿正常发育，防止流产，确保每窝都能生产大量健壮、生命力强、初生重大的仔猪的一项重要技术措施。妊娠诊断的方法有外表观察法、仪器诊断法、化学诊断法和激素诊断法4种。

①外表观察法：一般来说，母猪配种后，经过一个发情周期(18～25天)未表现发情或至6周后再观察一次，仍无发情表现，即说明已经妊娠。其外部表现为：贪睡不想动，性情温顺，动作稳重，食量增加、上膘快，皮毛发亮、紧贴身，尾巴下垂很自然，阴户缩成一条线。配种后观察是否重新发情，已成为判断妊娠最简易、最常用的方法。但是，配种后不再发情的母猪并不一定都已妊娠，有的母猪发情有延迟现象；有的母猪卵子受精后，胚胎在发育中早期死亡或被吸收而造成长期不再发情。所以，根据配种后是否发情来判断妊娠，会有误差。

②仪器诊断法：利用超声波妊娠诊断仪测定动物胎儿心跳数，从而进行早期妊娠诊断。实验证明，配种后20～29天诊断的准确率约为80%，40天以后的准确率为100%。这种超声波胎儿心跳测定仪，将探触贴在猪腹部(右侧倒数第二个乳头)体表发射超声波，根据胎儿心跳动感应信号，判断母猪是否妊娠。这种方法不仅可以确定是否妊娠，而且还可以确定胎儿的数目，晚期还可以判定胎儿的性别。

优点是无伤痛，可重复使用，缺点是诊断费用较高。

③化学诊断法：母猪妊娠后，尿中雌激素含量增加。由于孕酮与硫酸接触会出现美观豆绿色荧光化合物，此种反应随妊娠期延长而增加，所以用此法可作妊娠诊断。

操作方法：取母猪尿液 15 毫升放入大试管中，加浓硫酸 3 毫升或盐酸 5 毫升，加温到 100℃，保持 10 分钟；冷却到室温，加入 18 毫升苯，加塞后振荡，分离出有雌激素的层；加 10 毫升浓硫酸，再加塞振荡，并加热到 80℃，保持 25 分钟；借日光或紫外线灯观察，若在硫酸层出现荧光则是阳性反应。母猪配种或受精后 26～30 天，每 100 毫升尿液中含有孕酮 5 毫克时，即为阳性反应值。此种方法准确率可达 95%，对母猪无任何伤害。

④激素诊断法：在母猪配种或受精后 16～17 天，在耳根皮下注射 3～5 毫升人工合成雌激素，注射后出现发情症状的是空怀母猪，5 天内不发情的则为妊娠母猪。采用此法，时间必须准确，因为注射时间太早，会打乱未孕母猪的发情周期，延长黄体寿命，造成长期不发情。

总之，进行妊娠诊断是以配种后一定时间作为检查依据的。因此，对于一个现代化的规模养猪场，必须做好配种或输精及繁殖情况的原始资料记录、保存和整理工作，这是繁殖管理科学化的主要依据。

2.妊娠母猪的饲养

胎儿与母体是相互联系而又相互制约的统一体。母体依靠胎儿得以种的延续。胎儿发育时，母体内产生激素，如垂体前叶分泌的生长激素(STH)对母猪的蛋白质的合成和母体本身生长发育都起到至关重要的作用。胎儿以母体为外在条件，它生长发育所需要的营养由母体供给。但在一定条件下，母体与胎儿相互影响，如胎儿在生长发育时期，若供给的营养不足，就会消耗母体本身的营养物质，使母体消瘦，影响健康，或者引起流产；相反，倘若母体过肥，由于在体内，特别是在子宫周围沉积脂肪过多，而阻碍胎儿的生长发育，造成产出弱仔猪或死胎。因此，猪生产者应根据胎儿生长发育规律、妊娠母猪的生理特点和营养需要，采取相应的有效措施，以保证胎儿的正常发育，并提高其初生重和存活率。

(1)妊娠母猪的生理特点 母猪妊娠后新陈代谢旺盛，对饲料的利用率提高，蛋白质的合成及脂肪沉积增强，特别容易肥胖。在喂等量的饲料下，妊娠母猪比空怀母猪不仅可以生产一窝仔猪，还可以增加体重(表5-3)。这种生理现象叫做“妊娠合成代谢”。

表5-3 妊娠母猪与空怀母猪的体重变化(单位:千克)

状态		全期喂料	配种体重	产前体重	产后体重	共增重	胎儿与附带物重	母体纯增重
Ⅰ	妊娠	225	230	274	250	44	24	20
	空怀	224	231	235	235	4	0	4
Ⅱ	妊娠	418	230	308	284	78	24	54
	空怀	419	231	270	270	39	0	39
Ⅲ	妊娠	233	197	233	211	36	22	14
	空怀	233	196	201	201	5	0	5

由表5-3可以看出，不论喂料多的高营养水平(Ⅱ组)，还是喂料少的低营养水平(Ⅰ、Ⅲ组)，体重的增加，都是妊娠母猪高于空怀母猪。在妊娠母猪的增重中有一部分是胎儿、胎衣和羊水等，重量为22～24千克；纯体重的增加，妊娠母猪较空怀母猪高，说明妊娠母猪具有为产后泌乳储备营养物质的能力。

妊娠母猪营养物质的储备和积蓄，主要取决于饲养水平的高低。成年妊娠母猪所获得的营养物质，除满足胎儿生长发育和恢复体力之外，都将多余的部分储存在体内。青年妊娠母猪所获得的营养物质，首先保证胎儿生长发育的需要，其次是满足自身的生长，再次才是储存。饲料的营养水平和饲喂量，应按饲养标准供给，使妊娠母猪保持良好而适当的膘情。在妊娠的前期，由于胎儿小，所需的营养物

质少，所以母猪本身体重增加；而妊娠后期，胎儿增重快，需要的营养物质多，母体本身的增重减少。若饲料中的营养物质不能满足胎儿生长发育需要，则母猪就会动用本身贮存的营养物质供给胎儿生长发育。

母猪妊娠期适度的增重比例为：初产母猪体重的增加量为配种时体重的30%～40%，经产母猪则为20%～30%。另外，母猪妊娠期增重的比例与配种时的体重和膘情有关（表5-4）。由此可见，配种时膘情差、体重小的母猪妊娠期增重比例较大。

表5-4　母猪不同体重妊娠期增重比例

配种时母猪体重（千克）	100～120	120～140	140～160	168～180	平均
增重比例（%）	49	39	36	29	38.25

（2）妊娠母猪的饲喂技术

①饲养方式。目前，在养猪生产水平较高、饲料条件较好的地区，多采用低妊娠、高泌乳的饲养方式，即在母猪的妊娠期适量饲喂，哺乳期充分饲喂。供给妊娠母猪的营养物质，除保证胎儿的正常发育及母猪本身的需要外，还应适当增加母体重量，以补充泌乳不足的需要。如果妊娠期内营养水平过高，则母猪增重过多，导致过于肥胖。首先，喂养过剩造成饲料浪费，因饲料中的营养物质经猪体消化吸收变成体脂贮存于体内的过程会消耗一部分，而泌乳时再由体脂等转化为脂肪等，进而转化为猪乳，营养又会消耗一部分，两次的损失超过哺乳母猪将饲料中营养物质直接转化为猪乳的一次性损失，所以，造成饲料浪费。其次，母猪妊娠期过于肥胖还会造成难产，产后易出现食欲不振、仔猪生后体弱、乳量少等不良后果。

②饲料喂量。妊娠期的饲养管理目标是：一方面，保证母猪有良好的营养储备，尽可能减少其泌乳期间的体重损失，保持其繁殖期间良好的体况，并促进乳腺组织的发育，保证泌乳期有充足的泌乳量；另一方面，母猪应摄入足够的营养物质以促进胚胎的存活、生长和发育。随着妊娠期的发展，以及妊娠、胚胎着床、胎儿发育和乳腺生长，母猪的营养需要也不断发生变化，在设计

妊娠母猪日粮配方时应考虑这些变化。通常采用妊娠前期(从配种到妊娠 80 天)喂量少、妊娠后期(从妊娠 80 天到产仔前 3 天)饲喂量多的方法。近年来,随着养猪科学的发展,对妊娠母猪的饲喂量有了新的尝试,并取得了初步效果。在现代母猪饲养过程中,配种后的前 3 周,要尽量减少母猪日采食量,每天供给妊娠母猪料不能超过 2 千克。通过减少采食量来降低胰岛素的方法,刺激孕酮的分泌(这两种激素为正相反)。试验证明,配种后立即限制母猪的食量,其胚胎成活率和孕酮浓度比不限制食量的高得多,所以,限制食量可以减少胚胎早期死亡,能增加生产更多仔猪的机会。但对于膘情较差的母猪,空怀期和妊娠初期(从配种到第 21 天)与妊娠后期饲喂同样多的饲料,目的是让断奶母猪尽快恢复体况,保证及时发情排卵和胚胎的正常发育。配种后的母猪要尽快转入比较安静的妊娠母猪舍(远离嘈杂的发情和自由采食的哺乳母猪舍),使尽可能多的受精卵顺利着床。妊娠 3 周后根据母猪的实际情况慢慢增加采食量。在母猪的整个妊娠期间不要饲喂太多,而且只能饲喂妊娠母猪料。如果喂得太多,就会产生一系列问题:容易造成难产;易患子宫炎、乳房炎、无乳症;哺乳期采食量下降。分娩前 2～3 天,要适当降低母猪采食量,分娩当天不喂料。目的是让体储提前被活化,增强哺乳期母猪动员体储的能力。但有很多猪场母猪产前提前 5～6 天就开始减料,这种做法是在提前消耗母猪的营养储备,会严重影响哺乳母猪的泌乳力,还会延长断奶至发情的间隔时间。

表 5-5　妊娠母猪的饲喂量

断奶一配种	0～21 天	22～90 天	91～110 天	111 天～分娩
1胎	2.5～3 千克	2.0～2.2 千克	2.2～2.5 千克	减至 1.8 千克
2 胎以上	4～4.5 千克	减少喂量	3.0～3.5 千克	

注:以上喂量是在环境温度 16～18℃下。但体况差的母猪妊娠前 90 天每天增加 0.5～1 千克。

母猪分别在配种、妊娠和哺乳期的日采食量如图 5-1。

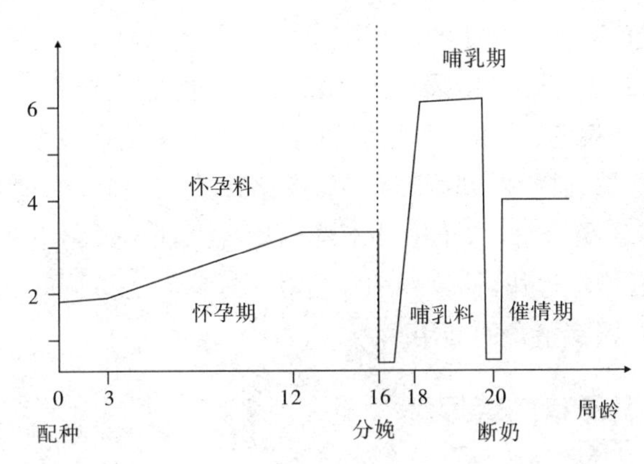

图 5-1 母猪分别在配种、妊娠和哺乳期的日采食量

注意事项：

第一，妊娠母猪的饲料应按饲养标准配置。原料的选择要多样化，同时要适合母猪的需要，价格要低廉，配合饲料的营养水平在整个妊娠期可采用同一水平。妊娠母猪需要的能量大部分来自大豆油（不是淀粉和糖），因为含有大豆油的饲料可提供较多的亚油酸，有利于降低胰岛素的活性，增强孕酮活性，提高仔猪出生重，所以要适当增加这类饲料。

第二，有条件的猪场给母猪补充一些优质青绿饲料，因为这类饲料含有大量纤维（优质的苜蓿草粉，甜菜渣和麦麸），有助于肠道蠕动，对其繁殖性能有良好作用。妊娠母猪饲料必须是蓬松的（容积大，含粗纤维高），特别是在分娩前，这有助于减少子宫炎、乳房炎、无乳症现象的发生。

第三，严禁饲喂发霉、腐败、变质、冰冻、带有毒性和强烈刺激的饲料，也不能大量饲喂酒糟、棉仔饼，否则易引起妊娠母猪流产。如妊娠期饲喂鲜酒糟会导致死胎、产瞎眼仔猪等不良后果。

第四，前期注意看膘投料，后期要适当增加饲喂次数，减少每次的饲喂量。一般来说，断乳后体瘦的经产母猪都采用“高－低－高”的饲养方式：在妊娠期前 20 天左右增加精料喂量，待体况恢复后增加青、粗饲料，降低精料，以防过肥。到妊娠后期至产前 3 天再加喂精料，这样也可提高胎儿的成活率。

第五，对于妊娠母猪最好采用群养单饲的方式饲养。母猪配种后，将预产期相近、体型大小相似的母猪 3～5 头编在一个妊娠舍内，猪舍中设置单饲栏，做到群养单饲，母猪休息在一起，吃食时各进各的栏，按需分配给料，防止采食不均。这既保证了弱猪迅速复膘，又限制了强者增重过快，使营养和膘情处于适宜状态。同时，饲养者要设法提高妊娠猪猪舍的利用率。

3.妊娠母猪的管理

(1)做好防暑降温　母猪在妊娠期间，尤其是妊娠前期严禁舍内高温，温度保持在 20℃左右，避免热应激。此时受精卵着床定植，气温过高会造成胚胎死亡，影响产仔数。

(2)适当加强运动　适当的运动可以增强妊娠母猪的体质，避免难产。每日运动时间为1 小时，行程 3～4 千米。增强运动，但又避免互相挤撞。

(3)妊娠母猪舍要安静和干燥卫生　妊娠母猪要尽量少受应激的刺激，饲管人员进入猪舍要先打招呼，不可突然进入；在妊娠期间，尽量不要随意拆群组群，以免相互斗架引起流产；防止潮湿、结冰、打滑等造成母猪流产；饲养者更经常刷拭、抚摸母猪，建立亲和关系，以便于将来的接产。

(4)由群饲改为个体饲养　前期可 3～5 头饲养，后期单栏饲养。

(5)每天都要观察母猪吃食、饮水、排粪尿情况和精神状态　对妊娠母猪，要做好防病治病工作，特别要注意体内外的寄生虫病，以防传染给仔猪。同时，要防止导致药物流产(如地塞米松、注射疫苗等药物要慎用)。

(6)正确处理配种后的返情母猪　返情是因配种过早或过迟等引起的，有 5%～15%的返情率，属正常情况。若返情率超过 20%，则属异常情况。其原因可能是公猪精液品质(人工授精不存在此情况)差，或者人工授精的方法不当，或者母猪病(如子宫炎等)。自然

返情的母猪，一般到下一个发情期可正常发情，不用特别处理。由于疾病原因引起返情的母猪，若为子宫炎引起，则治疗效果不太明显，可尽早淘汰母猪。对于由其他疾病引起的，要及时治疗，治愈后出现发情再配种。

4.哺乳母猪的饲养管理

饲养泌乳母猪的主要目标是：提高泌乳量；控制母猪体重，以便在仔猪断奶后能正常发情、排卵，并延长利用年限。掌握母猪的泌乳规律，了解影响泌乳量变化的情况，是加强泌乳母猪的饲养和管理的基础。

(1)母猪的分娩与接产　母猪产仔是养猪生产中最繁忙的生产环节，要尽力保证母猪安全产仔，仔猪成活、健壮。因此，要推算预产期，做好产前准备及临产诊断和安全接产等工作。

①推算预产期：母猪配种时要详细记录配种和与配公猪的品种及号码。一旦确定母猪已经妊娠，就要推算出预产日期，用小木板写成母猪“预产牌”挂在母猪圈门口，以便于饲养管理，做好接产工作。母猪的预产期有以下几种推算方法：

在配种的日期上加 3 个月 3 星期零 3 天，或在配种的月份上加 4，在配种的日期上减 6。例如，一头母猪在 6 月 10 日配种，其预产期则为 10 月 4 日。

在生产上，为了把预产期推算得更准确，把大月和小月的误差都排除掉。为了应用方便，减少临时推算的错误，可先列出推算表(表 5-6)，在表上可以方便地查出预产期。

表 5-6 的第一行为配种月份，左边第一列为配种日期，表中交叉部分为预产日期。例如，30 号母猪 2 月 5 日配种，先从配种月份中找到 2 月，再从配种日中找到 5 日，交叉处的“5.30”即 5 月 30 日为预产日期。

表 5-6　母猪分娩日期推算表

配种	1月	2月	3月	4月	5月	6月	7月	8月	9月	10月	11月	12月
1日	4.23	5.26	6.23	7.24	8.23	9.23	10.23	11.23	12.24	1.23	2.23	3.25
2日	4.26	5.27	6.24	7.25	8.24	9.24	10.24	11.24	12.25	1.24	2.24	3.26
3日	4.27	5.28	6.25	7.26	8.25	9.25	10.25	11.25	12.26	1.25	2.25	3.27
4日	4.28	5.29	6.26	7.27	8.26	9.26	10.26	11.26	12.27	1.26	2.26	3.28
5日	4.29	5.30	6.27	7.28	8.27	9.27	10.27	11.27	12.28	1.27	2.27	3.29
6日	4.30	5.31	6.28	7.29	8.28	9.28	10.28	11.28	12.29	1.28	2.28	3.30
7日	5.1	6.1	6.29	7.30	8.29	9.29	10.29	11.29	12.30	1.29	3.1	3.31
8日	5.2	6.2	6.30	7.31	8.30	9.30	10.30	11.30	12.31	1.30	3.2	4.1
9日	5.3	6.3	7.1	8.1	8.31	10.1	10.31	21.1	1.1	1.31	3.3	4.2
10日	5.4	6.4	7.2	8.2	9.1	10.2	11.1	12.2	1.2	2.1	3.4	4.3
11日	5.5	6.5	7.3	8.3	9.2	10.3	11.2	12.3	1.3	2.2	3.5	4.4
12日	5.6	6.6	7.4	8.4	9.3	10.4	11.3	12.4	1.4	2.3	3.6	4.5
13日	5.7	6.7	7.5	8.5	9.4	10.5	11.4	12.5	1.5	2.4	3.7	4.6
14日	5.8	6.8	7.6	8.6	9.5	10.6	11.5	12.6	1.6	2.5	3.8	4.7
15日	5.9	6.9	7.7	8.7	9.6	10.7	11.6	12.7	1.7	2.6	3.9	4.8
16日	5.10	6.10	7.8	8.8	9.7	10.8	11.7	12.8	1.8	2.7	3.10	4.9
17日	5.11	6.11	7.9	8.9	9.8	10.9	11.8	12.9	1.9	2.8	3.11	4.10
18日	5.12	6.12	7.10	8.10	9.9	10.10	11.9	12.10	1.10	2.9	3.12	4.11
19日	5.13	6.13	7.11	8.11	9.10	10.11	11.10	12.11	1.11	2.10	3.13	4.12
20日	5.14	6.14	7.12	8.12	9.11	10.12	11.11	12.12	1.12	2.11	3.14	4.13
21日	5.15	6.15	7.13	8.13	9.12	10.13	11.12	12.13	1.13	2.12	3.15	4.14
22日	5.16	6.16	7.14	8.14	9.13	10.14	11.13	12.14	1.14	2.13	3.16	4.15
23日	5.17	6.17	7.15	8.15	9.14	10.15	11.14	12.15	1.15	2.14	3.17	4.16
24日	5.18	6.18	7.16	8.16	9.15	10.16	11.15	12.16	1.16	2.15	3.18	4.17
25日	5.19	6.19	7.17	8.17	9.16	10.17	11.16	12.17	1.17	2.16	3.19	4.18
26日	5.20	6.20	7.18	8.18	9.17	10.18	11.17	12.18	1.18	2.17	3.20	4.19
27日	5.21	6.21	7.19	8.19	9.18	10.19	11.18	12.19	1.19	2.18	3.21	4.20
28日	5.22	6.22	7.20	8.20	9.19	10.20	11.19	12.20	1.20	2.19	3.22	4.21
29日	5.23		7.21	8.21	9.20	10.21	11.20	12.21	1.21	2.20	3.23	4.22
30日	5.24		7.22	8.22	9.21	10.22	11.21	12.22	1.22	2.21	3.24	4.23
31日	5.25		7.23		9.22		11.22	12.23		2.22		4.24

②产前的准备工作：在母猪产前5～10天，就应准备好产房。产房要求干燥（相对湿度最好保持在65%～75%），保温（产房内温度为22～25℃），阳光充足，空气新鲜。如果产房湿度过大，可用炉灰（1∶3）或锯屑铺在圈内。在寒冷地区，冬季和早春要做好防风保暖工作。有条件的地区，最好应用网床产仔。网床产仔具有方便、干燥、卫生、防踩、防压等优点，从而提高了仔猪的成活率和仔猪的整齐度。

产房在猪进入前要彻底消毒，可用3%火碱水或2%～5%来苏水等消毒药进行喷洒，有条件的最好采用熏蒸消毒。分娩前几天，母猪的饲养，主要是根据母猪的体况和乳房发育情况而定。一般来说，体况较好的母猪，产后初期乳量过多过稠时，母猪易患乳房炎，仔猪易发生下痢，故在产前5～7天应当减少饲喂量。在分娩当天，应停止喂料，只喂给温麸皮盐汤水，以免母猪发生便秘。但对较瘦弱的母猪，不但不减料，还应加喂一些富含蛋白质的催乳饲料。为了使母猪习惯于新环境，应在产仔前1周将母猪赶入产房。上床前应给母猪沐浴消毒，保证产床的清洁卫生，减少仔猪疾病。

产前应准备好分娩用具和用品，如高锰酸钾、碘酒、干净毛巾、照明灯、耳号钳及称仔猪用的秤等。另外，冬季还应准备仔猪保温箱、红外线灯或电热板等。

③母猪分娩接产技术：安静环境对正常分娩是重要的，所以在整个接产过程中要求保持安静环境，且动作要迅速、准确。母猪临产前会表现许多临产症状：母猪临产前3～5天，外阴部开始红肿下垂，尾根两侧出现凹陷，这是骨盆开张的标志；呼吸次数和排泄粪尿的次数增加。一般来说，母猪产前15～20天，乳房开始由后部向前部逐渐下垂膨大，其基部在腹部隆起，呈两条带状，乳房皮肤发紧而红亮，两排乳头“八”字形向外侧张开。产前2～3天，可挤出清亮乳汁，手挤压母猪的乳头，如果前边1～2对乳头能够挤出奶水时，24小时之内就可产仔；中间1～2对乳头有奶水时，10个小时左右产仔；后面2～3对乳头能够挤出黏稠、黄白色乳汁时，1～2小时产仔；也有个别母

猪产后才分泌乳汁。当母猪躺卧阵缩，并有羊水流出时，证明马上就要产仔了。母猪接产过程主要有以下几个环节：

擦黏液：仔猪产出后，接产人员应立即用洁净的毛巾擦去口鼻中的黏液，使仔猪尽快用肺呼吸，然后再擦干全身。

保温：若天气较冷，应立即将仔猪放入保温箱烤干。

断脐：当仔猪脐带停止波动时，即可进行断脐：将脐带内的血液向仔猪腹部方向挤压，然后在距腹部5～6厘米处剪断，断面用5%碘酒消毒。若断脐时流血过多，可用手指捏住断头，进行按压止血，直到不出血为止。

④给仔猪编号称重：编号便于记载和鉴定，尤其是对于种猪具有重要意义，因为这有利于记载各个种猪的来源，了解发育和生产性能。编号后再称重并登记分娩卡。编号的方法主要有剪耳法、牌号法、刺印法等几种。剪耳法是用剪耳号的专用钳子，在左右耳的特定部位剪上缺口或圆孔，以代表一定的数字，把所有的数字相加，就是这头猪的号码。以猪的左右耳而言，一般多采用左大右小、上一下三、公单母双（公仔猪单号、母仔猪打双号），或公母猪统一连续排列的方法。即仔猪右耳，上部一个缺口代表1，下部一个缺口代表3，耳尖缺口代表100，耳中圆孔代表400。左耳上部一个缺口代表10，下部一个缺口代表30，耳尖缺口代表200，耳中圆孔代表800。

⑤早吃初乳：处理完上述工作后，立即将仔猪送到母猪身边吃奶，有个别仔猪生后不会吃奶，需进行人工辅助。如果在寒冷季节，圈舍还要有取暖设施，否则仔猪会因受冻而不张嘴吃奶。

⑥假死仔猪的急救：有的仔猪出生后全身发软，张嘴喘气，甚至不呼吸，但脐带基部和心脏仍在跳动，这样的仔猪为假死仔猪。抢救的办法如下：

人工呼吸：最简便的方法就是用两手分别托住仔猪的头部和臀部，腹部向上，一屈一伸，直到仔猪叫出声来。如能在38～39℃温水中做人工呼吸，效果更好，但应注意仔猪的头和脐带断头端不能放入

水中,等仔猪呼气后立即擦干皮肤,给予保温并尽早哺乳。

酒精刺激法:在鼻部涂酒精等刺激物或针刺的方法来急救。

拍打法:将仔猪倒提起来,用手轻轻拍打仔猪的胸部,使其喷出气管内的黏液,恢复呼吸。

⑦难产处理:母猪一般不发生难产,但是如果出现长时间剧烈阵痛,仔猪却仍产不出来,这时若母猪出现呼吸困难,心跳加快,这就是发生了难产,应实行人工助产。助产方法一般采用注射人工合成催产素法,用量按每50千克体重1毫升催产素,注射后20～30分钟一般可产出仔猪,特殊情况下可配合强心剂使用。甚至采用手术掏出法。在进行手术时,应剪磨指甲,用肥皂、来苏洗净手臂,涂润滑剂,随着母猪努责间歇时慢慢伸入产道,伸入时手心朝上,摸到仔猪后随母猪努责慢慢将仔猪拉出,掏出一头仔猪后,如转为正常分娩,就不再继续掏仔。手术后,母猪应注射抗生素或其他消炎药物,以防感染。

(2)哺乳母猪的饲养

①哺乳母猪体重的变化:母猪妊娠期体重增加,哺乳期体重减少是正常现象。减重的主要原因是泌乳母猪哺育照料仔猪,活动量增大,精力消耗较多,此时应增加母猪的营养。但即使按照其所需的营养水平来配合饲料,也因采食量有限,而不能满足泌乳和维持需要,母猪便动用体内的储备来补充,以保证泌乳需要,所以往往引起哺乳母猪减重。减重的程度与母猪的泌乳量、饲料营养水平和采食量有关。对于泌乳量高的母猪,应增加营养物质的供给量,否则母猪减重过多,体力消耗过大,易造成极度衰弱,营养不良,轻者影响下次发情配种,重者会患病死亡。在正常的饲养条件下,哺乳母猪体重下降应为产后体重的15%～20%,下降的时间主要集中在产前1个月。

②母猪泌乳量的变化:母猪泌乳量的高低与仔猪的成活率和生长发育速度有着密切关系,它受母猪的品种、年龄、泌乳阶段和窝仔

猪数、哺乳期的饲养管理等因素影响，母猪产后 60 天的泌乳总量约 400 千克，平均每昼夜泌乳 6.5 千克。太湖母猪 60 天的泌乳总量约 426.62 千克，平均每昼夜泌乳 7.11 千克。

表 5-7 母猪不同对乳头的泌乳量

乳头次序	1	2	3	4	5	6	7
泌乳量(%)	23	24	20	11	9	9	4

母猪的泌乳次数与猪的品种、泌乳性能的高低、泌乳期的长短等因素有关。在同一品种中，以泌乳次数多者泌乳量为高。泌乳次数随着产后天数的增加而减少，一般产后10～30天泌乳次数较多，但不同品种相比，往往是泌乳量较低的品种泌乳次数较多。据统计分析，我国地方品种哺乳 60 天，平均日泌乳次数 25.4 次，引入品种平均日泌乳次数 20.5 次。与次数相对应，我国地方品种猪平均泌乳间隔时间为 50～60 分钟，引入猪种则为 60～90 分钟。这一结果为仔猪的人工哺育提供了重要依据。猪乳的分泌除分娩后 2～3 天是连续的以外，此后是由于仔猪吸乳刺激而分泌放乳。不放乳时乳房内没有乳汁。母猪每次放乳时间很短，为 10～20 秒(表 5-8)。

表 5-8 仔猪哺乳次数

日　龄	1	2	3	10	17	24	31	38	45
观察窝数	2	2	2	5	5	5	5	5	5
哺乳次数	57.5	34.5	42.5	33.5	34.5	28.0	31.0	29.0	24.0
间隔时间(S)	25.0	41.7	33.9	40.6	41.7	51.4	46.5	49.7	60.0

母猪带仔数量与泌乳量关系密切。从表 5-9 可以看出，带仔头数多的泌乳量高。原因是仔猪有固定乳头吸乳的习性，母猪放乳必须通过仔猪拱揉乳头刺激母猪，使其垂体后叶分泌生乳素才能放乳。而未被拱揉吮吸的乳头，分娩后不久便萎缩，不产生乳，这就使总泌乳量减少。所以带仔数多的母猪，总泌乳量较多。试验证明，母猪每

多带 1 头仔猪，母猪 60 天的泌乳量可相应增加 26.72 千克。所以调整母猪产后的带仔数，使其乳头尽早萎缩，使其很快发情配种，可提高母猪的利用率。

表 5-9　窝仔猪数对母猪泌乳量的影响

1 窝仔猪数（头）	母猪的泌乳量（千克／天）	仔猪的吸乳量（千克／天・头）
6	5～6	1.0
8	6～7	0.9
10	7～8	0.8
12	8～9	0.7

③饲养管理的影响：哺乳母猪饲料的营养水平、饲喂量、环境条件、管理措施均影响泌乳量。所以，只有给予哺乳母猪良好而适度的饲养管理条件，才能充分发挥其泌乳潜力。

④猪乳的成分：猪乳可分为初乳和常乳。产仔 3 天后所分泌的乳为常乳。初乳和常乳的成分不相同（表 5-10）。

表 5-10　猪初乳和常乳成分比较　（单位：%）

品种	类别	测定头数（头）	水分	干物质	蛋白质	脂肪	乳糖	灰分	pH
汉普夏猪	初乳	14	74.14	28.86	19.05	5.68	3.45	0.69	6.09
	常乳	11	80.66	19.34	5.43	6.40	6.71	0.80	6.99
长白猪	初乳	19	71.10	28.90	19.85	4.78	3.59	0.68	5.85
	常乳	13	81.23	18.77	5.11	7.37	5.52	0.78	6.87
大约克夏猪	初乳	23	70.79	29.21	20.07	4.66	3.85	0.64	5.97
	常乳	10	81.05	18.95	5.40	7.47	5.22	0.86	6.96

由表 5-10 可以看出，同一头母猪初乳和常乳的成分相比，初乳中的干物质为常乳的 1.5 倍，蛋白质含量为常乳的 3.7 倍，而乳脂、乳糖、灰分含量却比常乳低。

(3)饲养技术　哺乳母猪的饲料应按其饲养标准配合，保证适宜的营养水平。泌乳母猪的给料量，一般在妊娠给料的基础上，每带1头仔猪，外加0.4～0.5千克料。夏季母猪每日饲喂200～300克/头或在饲料中添加2%～3%的油脂，达到提高能量摄取的效果。

表5-11　哺乳母猪饲料营养水平（单位：千卡/千克，%）

	消化能	粗蛋白	赖氨酸	钙	总磷
初产母猪	3.3	16～17	0.9	0.85～0.90	0.6以上
经产母猪	3.2～3.3	16以上	0.85	0.85～0.90	0.6以上

注：日粮营养水平建议为消化能3100～3200千卡/千克，粗蛋白15%～17%，钙0.75%～0.90%，磷0.5%～0.65%，食盐0.35%～0.45%，赖氨酸0.75%～0.90%。（1千卡=4.184千焦）

①饲料喂量：由于母猪产后几天体质较弱、消化力不强、代谢机能较差，所以饲料不能喂得过多，应逐渐增加。分娩后2～3天内，饲料喂量逐渐增多，5～7天才能按哺乳母猪的标准规定量饲喂。最好在产后2～3天，喂给容易消化的稀粥状的饲料，5～7天后改喂湿拌料。断奶前3～5天，逐渐减少饲料量，并经常检查母猪乳房的膨胀情况，以防发生乳房炎。

母猪每产出1升奶需要消耗1800千卡的代谢能、120克的粗蛋白和母猪自身贮存的能量。因此，要维持母猪体重不减少，需要每天喂食7.5千克饲料[代谢能为3300千卡，蛋白为19%的（赖氨酸0.9%）的优质饲料]。

从仔猪的表现就可以看出母猪采食量的多少，如仔猪15日龄发生黄白痢，则可推测母猪摄入的养分太少。母猪动用自身脂肪用来产奶，奶的质量急剧下降（奶中的脂肪为长链，仔猪不能消化），影响仔猪的生长。而且，母猪在哺乳期体重减少越大，产卵就越少，产仔数也越少。母猪越瘦，断奶至配种间隔时间越长。母猪配种时最佳的背膘厚度为18毫米，只有维持母猪最佳的背膘厚度才能获得最多的产仔数。

一般肉猪只要日喂3餐，每餐时间间隔要长些，但对于带仔多、

泌乳量高的母猪来说，要多喂勤添，保证母猪在断奶时有良好的繁殖体况，并供给充足而清洁的饮水。

严禁饲喂霉变饲料和突然改变饲料，以免引起消化不良，影响乳的产量及质量。霉变谷物饲料可引起不孕、死胎、流产。霉菌产生毒素（如玉米赤霉烯酮），可引起性成熟的猪不育，性成熟前的猪卵泡发育阻滞，成年母猪则卵泡闭锁。

②人工催乳：母猪在哺乳期内可能发生泌乳不足或缺乳情况，尤其是初产母猪常发生泌乳不足现象。造成这种情况的原因很多，如初产母猪乳腺发育不全，或者促进泌乳的激素和神经机能失调，或者妊娠期间饲养管理不当，或者其他疾患所致。饲养者在全面分析母猪缺乳的原因的基础上，改进饲养管理方法，增喂含蛋白质丰富而又易于消化的饲料进行催乳。哺乳期母猪的饲料常用的有豆类、鱼粉（或小鱼、小虾）、青绿饲料等。母猪缺奶时，可采用催产素或血管加压素催乳，但其催乳作用是短暂的，所以不宜大范围推广。在实践中可以探索新的办法，如给母猪喂食煮熟的胎衣或中药，也能得到良好效果。

(4)哺乳母猪的管理　对泌乳母猪要有正确的管理，从而保证母猪的健康。同时，泌乳母猪要维持适度的体况，使其断奶后能较快地发情排卵和配种再孕。哺乳母猪的管理主要包括环境控制、乳头保护等方面。

①保护良好的环境条件：冬季防寒保暖，夏季防暑降温。因产房同时养着对热敏感的母猪（适温 15～24℃）和对冷敏感的初生仔猪（适温 30～34℃），所以为仔猪提供温暖干燥的小环境时，应防止产房过热，否则会使母猪采食量降低而影响泌乳。同时，又不能温度过低而影响仔猪的哺乳，所以，产房温度可调至20～25℃。

保持产房干燥、清洁卫生，要随时清扫粪便。高床漏缝地板饲养，不宜用水冲洗网床，床下粪污每天清扫两次，若用水冲则要防止水溅到网床上。产仔猪舍以保温为主，但也要注意适当的通风换气，

排除过多的水汽、尘埃、微生物、有害气体(如 NH_3、H_2S、CO_2 等),但必须防止贼风。

母猪哺乳时必须保证环境安静,噪声小有利于泌乳和仔猪吃奶,否则对母仔都有不利影响;所以要保持产房安静,让母猪有充分休息的时间;对母猪要温和,不能吆喝和鞭打。

②保护母猪的乳房及乳头:进入产房前对母猪乳头进行清洁消毒,哺乳期间也应保持乳头的清洁卫生。母猪乳腺的发育与仔猪的吮吸有很大关系,特别是头胎母猪,一定要使所有乳头都能均匀利用,以免未被利用的乳头萎缩。在带仔数少于乳头数时,应训练仔猪吮吸几个乳头,特别是要训练仔猪吮吸母猪乳房后部的乳头,必要时可采取并窝措施。圈栏应平坦,特别是产床不能有尖锐物,以防止剐伤、刺伤乳头。母猪断奶前 2～3 天减少饲喂量,断奶当天少喂或不喂,并适当减少饮水量。待断奶后 2～3 天乳房出现皱纹,方能增大饲料喂量,开始催情饲养,这样可避免断奶后母猪发生乳房炎。

③注意观察并做好各种记录:每天注意观察母猪有无乳房炎、无乳症、便秘等疾病,还要观察母猪食欲是否旺盛,精神和体况是否较好等。发现异常母猪应及时查出原因,采取措施,如果母猪有便秘、产后泌乳障碍综合征等,应及时治疗。

④合理运动:为使泌乳母猪尽早恢复体况,除加强营养外,还要在泌乳后期适当加强运动。在阳光较好、天气温暖的情况下,让母猪带仔到舍外活动 0.5～2 小时。网栏产仔母猪不进行此项管理。

⑤合理用药和防疫:产前用 0.1%的高锰酸钾液将母猪擦洗消毒。在高温季节,要防止高温综合征。产前 1 周要给母猪肌注鱼肝油合剂,饲料中添加维生素 C 等。

母猪产后最好注射前列腺素。产后 36～48 小时,PGF2α2 毫升,促进恶露排出和子宫复位,也有利于母猪断奶再发情;产后注射抗生素,防止产期疾病。

在产仔前的后各半个月，可在饲料中添加抗菌素（土霉素 800～1000 毫克/吨或利高霉素 1 千克/吨），以防母猪肌体炎症。

母猪应在配种前（发情前）2 周左右注射猪瘟疫苗。妊娠母猪严禁注射猪瘟疫苗，以防出现机械性流产。

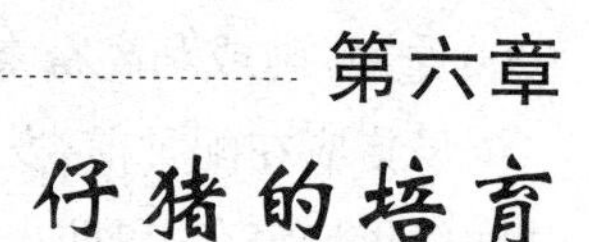

第六章 仔猪的培育

仔猪是种猪生产的产品,同时又是肉猪和种猪生产最初的开始。仔猪的正常生长发育,主要取决于两个方面:一是初生仔猪的健康状况,二是出生后的饲养管理条件。一头发育正常的仔猪,生后摄取营养物质主要靠两个方面:一是吃母乳,二是补料。因此,应该抓好仔猪哺乳和断奶仔猪的饲养管理。

一、初生仔猪的生理特点

哺乳仔猪的培育是养猪的重要环节之一,是增加养猪数量、提高猪群质量、降低饲养成本、增加效益的关键时期。培育哺乳仔猪的任务是获得最高的成活率和最大的断奶窝重。只有断奶体重大才能保证仔猪断奶后生长不受阻。

(1)代谢机能旺盛,利用养分能力强,生长发育快 仔猪出生时体重较小,不到成年体重的1%,但出生后生长发育速度很快。仔猪生长发育快主要是因其物质代谢旺盛,特别是蛋白质、钙、磷等物质。故对哺乳仔猪除应使其充分利用母乳外,还应进行科学合理的补料,以充分发挥其生长发育潜力,提高饲料利用率。

(2)仔猪消化器官不发达,容积小、功能不完善 因为不能利用和消化饲料中的蛋白质,所以,初生仔猪只能吃奶。

(3)缺乏先天免疫能力,容易患病 仔猪出生时没有先天免疫

力,只有吃到足够的初乳才能获得免疫力。

(4)调节体温的机能发育不全,对寒冷的应激能力差　在寒冷的环境条件下,仔猪不能维持正常的体温,易被冻僵、冻死。

二、哺乳仔猪死亡原因分析

哺乳仔猪成活率一直是限制养猪业健康发展的重要因素之一。成活率的高低也是反映集约化养猪场生产水平高低的一个重要指标,直接影响到集约化养猪场的经济效益。由于哺乳期仔猪自身生理条件及环境因素的影响,哺乳仔猪大量死亡现象经常发生,这给养殖生产带来严重损失。目前我国国内条件较差的农村农户分散饲养的母猪,其哺乳仔猪死亡率比较高,可达40%左右,中小规模猪场仔猪死亡率为20%~25%。因此,分析哺乳仔猪死亡的原因,采取应对措施是降低风险、提高效益的必要工作。

1.饲养管理方面的原因

(1)冻死　初生仔猪对寒冷的环境非常敏感,尽管仔猪有利用糖原储备应付寒冷的能力,但由于其体内能源储备有限,调节体温的生理机能不完善,加上被毛稀少和皮下脂肪少等因素,在保温条件差的猪场,仔猪常因寒冷而被冻死。同时,寒冷又是仔猪被压死、饿死和下痢的诱因。

(2)压死、踩死　母猪母性较差、产后患病,或环境不安静,导致母猪脾气暴躁,加上弱小仔猪不能及时躲开而被母猪压死或踩死。有时猪舍环境温度低,垫草太厚,仔猪躲在草堆里,或是仔猪在母猪腿下、腹下躺卧,也容易被母猪压死或踩死。

(3)饿死　母猪母性差,产后少奶或无奶且通过催奶措施效果不佳,乳头有损伤,产后食欲不振,所产仔猪数多于母猪有效乳头数且寄养不成功,在以上情况下,仔猪均可因饥饿而死亡。

(4)咬死　仔猪在某些应激条件(拥挤、空气质量不佳、光线过强、饲料中缺乏某些营养物质)下会出现咬尾或咬耳恶癖，咬伤后发生细菌感染，严重的会死亡；某些母性差(有恶癖)、产前严重营养不良、产后口渴烦躁的母猪有咬吃仔猪的现象；仔猪在寄养时，有的保姆猪会将寄养仔猪咬伤或咬死。

(5)初生重小 初生重对仔猪死亡率也有重要影响，初生重不足1千克的仔猪，死亡率在44%～100%；随仔猪初生重的增加，死亡率也随之下降。

2.母猪方面的原因

(1)母乳不足 由于母猪营养不良、母猪年龄偏大、母猪患乳房炎、感染其他疾病或生理机能下降等原因，造成产后少乳或缺乳，使仔猪饥饿而死，或因营养不良导致体质下降，最终发生衰竭或感染疾病死亡。

(2)弱胎 产生弱胎现象的原因主要是妊娠期母猪体质差、母猪年龄偏大、窝产仔数过多、饲料营养不全或发霉变质等。弱胎仔猪出生后，往往争抢不到乳汁，加上活动能力弱、抗病力差，弱胎仔猪基本上因饥饿而死亡。

3.疫病方面的原因

据统计，由腹泻引起乳猪死亡的比例高达26.1%，其中，黄白痢、传染性胃肠炎、生理性腹泻等病是致仔猪死亡的罪魁。由于哺乳期仔猪胃的发育不完全、消化机能不完善，易受外界环境的影响而产生消化不良，表现为生理性腹泻，也容易受致病性大肠杆菌的侵害而发生仔猪黄白痢，在寒冷季节则易感染传染性胃肠炎。

从母体传染给仔猪的疾病(如细小病毒，伪狂犬，蓝耳病，布氏杆菌等)，也会导致仔猪的死亡。

三、哺乳仔猪的饲养与管理

哺乳仔猪是指从出生到断奶阶段的仔猪。哺乳期长短不同，一般为 21～35 天。哺乳仔猪是生长发育最快的时期，也是抵抗力最弱的时期。因此，如何科学地饲养管理，对促进仔猪快速发育、缩短饲养期、降低饲料报酬、获得最高的断奶体重，有着十分重要的作用。

(1)断脐 脐带与胎盘切断连接时留 10～15 厘米长，切断处进行彻底消毒，避免感染。分娩时自然被切断更佳。过早切断脐带与胎盘的连接，很可能影响从母猪身体得到血液的供应。如果切断时出血严重的话，就应在离腹部 2 厘米处进行捆扎。

(2)早吃初乳，吃足初乳 由于母猪胎盘组织多达 6 层，而母猪血液中的免疫抗体是一种大分子 γ-球蛋白，无法通过胎盘传入仔猪体内，故初生仔猪没有先天免疫力。10 日龄的仔猪自身不能产生抗体，而母猪初乳富含免疫球蛋白等物质，可以使仔猪获得被动免疫力。初乳中的蛋白质含量高，含有轻泻作用的镁盐，可促进胎粪排出；初乳中的酸度较高，可弥补初生仔猪消化道不发达和消化腺机能不完善的缺陷。虽然出生后经过 18～24 小时免疫球蛋白的大分子化合物不能从肠壁直接吸收，但仔猪出生几小时内初乳的各种营养物质，在小肠内几乎全被吸收，有利于增长体力和御寒。因此，仔猪应早吃初乳，吃足初乳，以便获得足够的抗体，一般出生到首次吃初乳的间隔时间最好不超过 2 小时。最初每隔 1 小时让仔猪吃母乳 1 次，以后逐渐延至 2 小时或稍长时间吃母乳 1 次，3 天后可让母猪带仔哺乳。

(3)固定乳头 仔猪天生有固定乳头吸乳的习惯，开始几次吸食某个乳头，一经认定就不肯改变，因此，在产后 2～3 天内必须依靠人为干预来固定奶头。其方法是将弱小仔猪放在前中部，以弥补先天不足。通过这种方法可以使整窝仔猪发育均匀整齐。

(4)加强保温，防冻防压 初生仔猪大脑皮层的发育还不够完善，垂体和下丘脑的反应能力以及为下丘脑所必需的传导结构的机能较低，且仔猪皮毛稀疏，皮下脂肪少，单位体重的体表面积大，其调节体温、适应环境的应变能力较差，如果在寒冷季节不采取保温措施，很容易被冻僵、冻死。尤其在生后20分钟以内，由于羊水蒸发，仔猪体温下降快，若裸露在1℃环境里，两小时就可冻僵，甚至冻死。另外，仔猪出生后一周内，因为其反应迟钝，行动不灵活，容易被压死、踩死，所以为防止仔猪被压死、踩死，要给母猪设置防压隔栏，并要经常进行巡查，防止饿死、冻死事故的发生。仔猪最适宜的环境温度为：1～7日龄为28～32℃；8～30日龄为25～28℃；31～60日龄为23～25℃。保暖的办法很多，诸如传统的厚铺垫草法、火炉取暖法、暖气取暖法、热风取暖法、红外线灯加热法、电热板加热法、远红外线加热法等。

(5)补铁和硒 铁是造血和防止营养性贫血必需的元素。仔猪出生时体内铁的总贮量为40～50毫克，以后每日生长约需7毫克，到第3周龄开始吃料前，共需200毫克。但是母乳中含铁量很少(每100克乳中仅含铁0.2毫克)，仔猪从母乳中每日仅能获得约1毫克的补充，远远达不到生长发育的需要。如果不进行补充，仔猪10日龄前后会出现营养性贫血现象，导致仔猪食欲减退，被毛散乱，生长停滞和易发白痢病等。所以，一般在仔猪出生72小时以内，每头应注射100～200毫克铁剂，7天内还可以根据仔猪状况，考虑第二次补铁，以利于仔猪生长。新生仔猪极度缺乏维生素E及硒，所以应注意硒的补充，同时防铁中毒、仔猪白肌病和水肿病。

(6)剪牙与断尾 刚出生的仔猪有尖锐的犬齿，这些犬齿用于取食、自卫和攻击。因此可能会咬破其他仔猪的头、脸及母猪乳房和乳头等。为避免这些伤害，出生第一天要修剪这些牙齿。修剪时，以斜嘴钳剪除8颗尖锐犬齿，勿伤及齿龈，工具使用后注意清洁及消毒。在出生第一天就要断尾，以阻止相互咬尾。断尾一般用手术刀或斜嘴钳剪去最后3个尾椎即可，要注意止血、涂药预防感染。

(7)均窝寄养 在生产中,有可能会出现母猪因某种原因死亡,或者母猪生产后无乳,或者所产仔猪数超过了有效的乳头数。而且有时候也会出现母猪产仔偏少或者所产仔猪因某些原因死亡了一部分,为了提高母猪的利用率,可将那些无“妈”或无奶仔猪过寄给别的母猪进行合并哺育。合并前一定要让仔猪吃足初乳。无论是寄窝还是并养,都要充分利用猪嗅觉发达这一特性,在寄窝并养前先将仔猪进行混味。其方法是:用“奶妈”的乳汁(不提倡用母猪的尿液)涂擦仔猪全身,在夜间进行混群,使母猪无法区分自产和寄养的仔猪。之后要注意观察,防止母猪拒哺乳或咬伤寄养仔猪。寄养的原则是两窝产期不超过 3 天。对寄养母猪的要求是个体相差不大,性情温驯、护仔性好、母性强。

(8)防疫治病 为了防止仔猪生长发育过程中感染猪瘟,仔猪出生后,在尚未哺乳之前,可按常规剂量接种猪瘟兔化弱毒疫苗,2 小时后再让仔猪自由吃奶。注意消毒哺乳母猪乳头,以防止仔猪患红、黄痢病,亦可在母猪妊娠后期,按要求注射疫苗。另外,对猪舍还应做好卫生消毒工作。

(9)及时补水、补料 补料的目的是促进仔猪胃肠发育成熟,发挥仔猪最大的生产潜能,减少断奶应激,提高生长速度。断奶前增加采食量不仅提高断奶体重,而且能使仔猪尽快适应固体饲料,还能防止因断奶应激而引起的生长停止现象的发生。同时,仔猪增加采食量会减少其对母乳的依赖程度,其结果是减少母猪体重损失,使母猪发情期来得早。而且哺乳期采食量越多,断奶体重越重,所以应让哺乳仔猪采食更多的饲料。

补料时间。仔猪于出生后 7～15 日龄时,消化器官处于强烈生长发育阶段,如 7 日龄时开始出牙,牙床发痒,喜欢啃咬东西。为此,应从 7～10 日龄开始对仔猪训练认料和开食,训练时间需 1 周左右。训练仔猪开食认料,能解决仔猪牙床发痒问题,防止乱啃乱咬脏物,并为以后补料打好基础。此时的饲料不需高档全价料,可用炒熟的玉米、大麦、大米即可。

仔猪20日龄后，生长发育加快，采食量增加，母乳已不能满足生长发育的需要。为此，应给仔猪增加饲料。仔猪30日龄进入旺食期，补料的次数要多，以适应胃肠能力，注意观察粪便，饲料喂得少时粪便呈黑色串状，喂得多时粪便变软或成稀便。饲料应香甜、清脆、适口性好，还应清洁、卫生、新鲜、无霉变。为了提高适口性，可添加糖和脂肪，注意添加一定数量的动物蛋白质饲料，如鱼粉、血粉、血骨粉、脱脂奶粉等。日粮中粗蛋白含量应为18%～20%，能量不低于125兆焦/千克。补料时要尽量少喂勤添，防止饲料浪费。每天要将剩余的部分饲料及时清出，然后对料槽进行清洗消毒，而后再用。

仔猪生长迅速，代谢旺盛，需水量较多，因此，3日龄开始，必须供给清洁的饮水。供水时，也可在每1升水中加葡萄糖20克、碳酸氢钠2克、维生素C 0.06克。由于母乳中含脂肪量高达7%～11%，仔猪又活泼爱动，常感口渴，如不供给清洁的饮水，则会喝脏水或尿液，容易导致下痢。

四、断奶仔猪的饲养管理

断奶仔猪的培育是养猪的重要环节之一，是发展猪只数量、提高质量、降低成本、增加效益的关键。但由于断奶时期的仔猪，缺乏母源抗体保护和受断奶应激的影响，极易受到各种病原的侵袭，所以断奶仔猪发病率高、死亡率高。如果管理不善，会导致养猪场亏损甚至破产。

1.仔猪的断奶

(1)仔猪最适宜的断奶时间 在传统养猪方式中，仔猪的断奶时间多为60天左右。而在现代化养猪方式中，普遍采用早期断奶的方法。实际上，仔猪断奶适宜时间的确定，既要考虑提高母猪的繁殖力和仔猪身体的正常发育，又要考虑饲养管理条件所允许的最适断奶

时间。仔猪3周龄后,生长发育越来越快,而母猪的泌乳量在达到高峰后却开始下降。这时,在仔猪的营养需要上和母猪乳中供应的营养量存在很大的差异。若仔猪在1～2周龄,学会采食补料,且在3周龄后采食正常,则可以从补料中补充母乳中营养的不足。3周龄后,仔猪体内自身的抗体开始产生,避过了抗体的空白期。因此,仔猪在3周龄以后断奶较合适。

(2)仔猪断奶的方法

①一次断奶法:断奶前3天减少哺乳母猪饲料的日喂量,到断奶日龄一次将仔猪与母猪全部分开。此法省工省时,便于操作,多被大型养猪场所采用。但由于突然改变仔猪的生活环境和饲料类型,常引起仔猪的精神不安,消化不良,而且易使母猪乳头胀痛,发生乳房炎。

②分批断奶法:按仔猪的发育和采食补料的情况,将一窝内的仔猪分几批断奶。对体重大、发育良好、吃料正常的仔猪先断,对体重小、发育迟缓、有病和食料差的仔猪后断,这种方法可照顾不同的仔猪,但此法会延长哺乳期,影响母猪的下次繁殖,因此目前多不采用。

③逐渐断奶法:在预定的断奶前4～5天起,减少母猪和仔猪的接触次数与哺乳次数,并减少母猪饲料的日喂量,使仔猪由少哺乳到最终不哺乳。此种断奶方法优点是可减轻断奶应激对仔猪的影响,缺点是比较麻烦而费人力。

以上几种方法,在不同的猪场,可按具体情况灵活采用或结合采用。如在大型集约化猪场,生产安排紧凑,饲养员工作量大,往往采用一次断奶法。但采用这种方法时,一些弱小的仔猪,在断奶后往往生长不良,容易发病和死亡。断奶时体重小于5千克的猪,尤其如此。为了照顾弱小的仔猪,在断奶时,可以把这些仔猪集中起来,由一头泌乳和母性良好的母猪再哺育一段时间,这样既可以使工作易做,又可以使弱小的猪不受很大的影响,也不会拖长大部分母猪的哺乳期。

2.断奶仔猪饲养与管理

断奶仔猪是指从断奶到育成猪，体重达到23千克左右的仔猪。断奶是仔猪生活中的大转折点。仔猪依靠母乳生活，变为完全独立采食饲料，与此同时，又失去了母仔共居的环境。由于这一系列的应激因素的影响，仔猪的生长发育很易受到挫折，容易患病而形成“僵猪”，甚至死亡。仔猪断奶后出现掉膘、减重、体质变弱、发病率高等现象，均是生产中普遍存在的问题。因此，饲养断奶仔猪的一个工作任务是使仔猪断奶后食好料，少发病，少掉膘。

(1)断奶仔猪转入保育舍前准备 保育栏腾空后，应进行彻底消毒，清洁消毒一周后才能进断奶仔猪。保育栏要挂好保温灯，检查保温地板，确保室温适宜。检查饮水器，调节好饮水器高度，确保水压，检测水质。确定转入头数、体重和日龄。仔猪在保育舍内尽可能保持原窝同栏饲养，尽量公母分开饲养，组群时体重差异不能超过10%以上。除病猪可混养于病猪栏以外，其他仔猪原则上不混养。

(2)转入保育舍的过渡期饲养 要养好断奶仔猪，关键是尽量减少饲料和环境突然改变对仔猪造成的应激影响。因此，要做好断奶仔猪的饲料和环境的过渡工作。

饲料的过渡，包括饲料类型的过渡和饲喂方法的过渡。

饲料类型的过渡。仔猪在断奶后一个月内，所采吃的饲料，刚开始最好仍是哺乳期所吃的乳猪料，然后再转用仔猪料。乳猪料投喂的时间，可根据仔猪的发育和健康情况来决定。仔猪断奶后，对饲料的改变和环境适应良好、掉膘少、发育良好、体重大的，可用原来所用的乳猪料2～3周，否则要推迟饲料转换的时间。仔猪的日粮转换，不要太突然，要有7～10天的逐渐改变过程。不然仔猪的消化器官及消化道内原先已建立好的微生物系，由于适应不了饲料的突然改变，导致消化系统机能紊乱，肠道内的病原菌乘机大量繁殖，引起仔

猪下痢。日粮的转换，可以用以下方法：第一天用原来饲料的 90%，新饲料的 10%，混合后投喂。以后每天减少原来的饲料的比例，增加新饲料，至 7～10 天后完全按新的饲料投喂。在转换的过程中，若发现仔猪下痢严重，可适当延长饲料转换的时间。

饲喂方法的过渡。仔猪断奶后的第一周，由于断绝了母乳的供应，只采食固体饲料，消化系统不能一下子适应这种饲料类型的突然改变，因此，对固体饲料的消化能力也较差，加上断奶时环境改变的应激，造成了胃肠道蠕动减弱，使饲料在消化道内停留的时间延长。没有消化掉的饲料，在肠道后段，往往因病原菌的大量繁殖而发酵、腐败并产生毒素，引起仔猪下痢。在这段时间内，仔猪吃得越多，对饲料的消化也就越差，下痢便越严重。因此，刚断奶的仔猪，不能让其吃得过饱，特别是断奶前开食良好的仔猪，断奶后一周内，应采用限量投料、少喂多餐的方法饲喂。每次投喂量以仔猪可在 2 小时吃完为度。开始时，每天投喂 3～4 次，以后每天逐渐增加投料次数和每次投料量，并密切观察仔猪的排粪情况。5～7 天后，当仔猪排粪正常时，可改用自动采食的方式投料，让仔猪一天内随意采食，以保证仔猪快速生长发育所需的营养供应。要注意每天都给仔猪喂新鲜饲料，当饲槽中有陈旧、发霉和受粪尿污染的饲料时，要及时清除，防止仔猪食后出现下痢或中毒现象的发生。

仔猪改食固体饲料后，需水量增加，特别是断奶初期受到很大的应激影响，渴感更严重，因此，要保证断奶仔猪每天都有清洁干净的饮水供应。一些猪场，为了避免仔猪断奶后头一两天因缺水造成虚脱，用一些电解质盐类（如食盐）溶于水中让仔猪饮用，对恢复仔猪的体力很有好处。

环境的过渡：若有可能的话，断奶仔猪，最好在断奶后的第一、二周内，维持原栏原窝饲养，即在断奶时，把母猪赶走，仔猪留在原来的产栏内，不与其他仔猪并群。待仔猪对断奶适应后，才转到断奶仔猪舍饲养。这样，可以避免仔猪断奶后由于环境的太大变化，以及并

群时与其他仔猪打架而造成的对生长发育的不利影响。必须转换猪舍时，也应该在特定的断奶仔猪舍内饲养。断奶仔猪舍的环境条件和卫生条件，应与分娩舍一样，要保温、通风、干燥、清洁。在仔猪进舍前，做好栏舍的清洁和消毒。只有在仔猪断奶后，让其生活在与分娩舍差不多的舒适环境中，才能保证仔猪的正常生长发育，减少疾病的发生。仔猪刚断奶后，都有一个掉膘和体质变弱的过程。因此，在断奶初期，仔猪特别怕冷，在断奶后的前两周，要特别注意仔猪的保温。第一周的舍温，应比在分娩舍的最后一周舍温高 2℃，以后每周降 2℃，在 22℃时，保持恒定，直到仔猪转到生长育肥舍。在保温时，还要注意舍内昼夜温差不要太大，要杜绝舍内穿堂风的出现。

仔猪并群时，应把体重相差不大、同性别的仔猪放在一栏。每栏的饲养头数不能太多，以每栏 15～20 头为宜，宁少勿多。若同一栏的仔猪，体重相差太悬殊，或饲养头数太多，必然会因群体位次排定，出现剧烈的咬架，严重影响弱小仔猪的生长发育，并造成以后栏内个体体重差异越来越大的后果。此外，注意适当密度（0.3 平方米/头），且并群时“夜并昼不并”。

饲喂断奶后 5～6 天内要控制采食量，以喂八成饱为宜，实行少喂多餐（6～8 次/天），逐渐过渡到自由采食，饲料要保持清洁，防止霉变，剩料及时清除。断奶仔猪断奶后转入猪舍一周内，在饲料中添加支原净 100 克/吨＋金霉素 300 克/吨＋阿莫西林 250 克/吨或氟苯尼考 40 克/吨＋阿莫西林 250 克/吨，进行预防保健。保证清洁，饮水充足，每天至少饮水 2 千克。饮水器流速为每分钟 250 毫升。

(3)卫生管理 入舍管理对成功管理断奶仔猪起着决定性的作用，育成舍卫生的好坏是断奶仔猪成活率高低的关键，全进全出式管理在卫生管理方面是非常必要的。全进全出式管理是把周龄相近的断奶仔猪放养在同样的猪舍，直到一起移动到育成舍饲养的方法。移动时要把猪舍内的所有的猪同时移动，然后在下一群猪入舍前对猪舍进行全面清洗和消毒。以周为单位分娩时，在断奶猪舍内循环

地饲养着断奶的仔猪，所以在不影响其他猪群的同时也可以进行清扫和消毒。全进全出的卫生管理能减少疾病的传播，减少腹泻，能防止寄生虫的感染。这样做，死亡率就会降低，药费支出也会减少。

断奶猪舍的准备是从清扫开始的。潜伏着病菌的所有有机物质都要从地板、墙壁及器具上面清除。清扫结束后，进行彻底的消毒。消毒时要根据制药公司的说明书用药，清扫和消毒后要把断奶猪舍空至完全干燥为止。断奶仔猪进舍后要定期消毒（每周 2～3 次），保持干燥、清洁、冬暖夏凉（适温 26～28℃），空气清新。

(4)温、湿度管理 温度对断奶仔猪影响很大。墙和天棚的温度、地板形式、空气湿度、空气流通情况等因素的相互关联决定着适宜温度的数值。3 周龄的断奶仔猪移入断奶仔猪舍时，适宜温度是 28～30℃，之后每周降低 1～2℃，最后达到 20～21℃。这期间过高或过低的温度均对断奶仔猪的生长发育产生不良的影响，所以要控制断奶仔猪舍中一天的温度变化不超过 1℃以上，从而降低可能产生的不良影响和发生腹泻的频率。猪热损失是由水分蒸发、热辐射、导热、对流因素引起的。其中，主要的热损失是通过热辐射损失的，大约占 35%。为了防止猪的过多热损失，在墙壁和天棚上安置隔热板，为猪的生长创造舒适环境，并且能节约燃料费用。在炎热的夏季则要防暑降温，可采取喷雾、淋浴、通风等降温方法，近年来许多猪舍采用了纵向通风降温的方法取得了良好效果。保育舍内湿度过大会增大寒冷和炎热对猪的不良影响。潮湿有利于病原微生物的滋生繁殖，可引起仔猪多种疾病。保育舍适宜的相对湿度为 65%～75%。

(5)通风 通风的好坏也对猪舍的环境和猪的生长有重要影响。猪舍中细菌的浓度、湿度、恶臭还有瓦斯都影响着空气的质量。实际管理中要特别注意从排泄物产生的沼气和恶臭，它们中主要有以下四种气体不仅影响着猪的健康和舒适的环境，还影响着在猪舍内工作的管理者的健康：H_2S、CH_4、CO_2 和 NH_3。正常情况下，断奶仔猪舍的 H_2S 浓度应该在 10mg/L 以下，CH_4 不超过 5%，CO_2 的浓度在

300mg/L 以下，NH_3 不超过 50mg/L。

另外，在断奶仔猪舍空气中细菌浓度是 500～10000 个/立方米。这个浓度随着排泄物和喷嚏增加而增加，而有效的通风能降低断奶仔猪舍内的细菌浓度。但是过度的通风会带来贼风，以及过度损失猪的体温。

通风的必要性和实施方法随着季节变化而不同。断奶仔猪舍的通风要求为：冬季 1～6CFM，夏天 20～40CFM。注意定期检查排气扇的功能，保持排气扇的干净。

(6)卫生及消毒、防疫 断奶仔猪舍所使用的地板材料和施工方法对仔猪的发病率、存活率有很大的影响。断奶仔猪应在既暖和又干燥，无冷风、寒气和恶臭的环境中生长。要加强断乳仔猪或保育舍的卫生清洁，防止诱发腹泻的细菌生长；长期维持干燥的状态，地板上应无粪尿或水分，应清扫得彻底，猪舍的地板干燥、清洁，断奶仔猪会长得更快。高温高湿季节应注意防止饲料霉变。

断奶仔猪舍的饮水器应该分开，以便在水中投药。加强仔猪舍的消毒和进出人员的控制，防止工作人员进出带进病菌，如果条件允许，进入猪场前要冲澡并换衣服和鞋子，进猪舍前要脚踏消毒池。

仔猪应按照防疫程序注射猪瘟、猪丹毒、猪肺疫和仔猪副伤寒等疫苗，如在 65～70 日龄第二次接种猪瘟疫苗 6 头/份，75 日龄接种口蹄疫进口佐剂浓缩疫苗 2 毫升/头。而且，在转群前驱除体内外寄生虫，实行全进全出式管理。

五、提高仔猪成活率的主要措施

仔猪成活率的高低，将对养殖效益产生较大的影响。为了更好地提高仔猪成活率，具体措施分析如下。

1.环境温度要适宜

新生仔猪的组织器官和机能尚未发育完全，皮下脂肪薄，被毛稀

少,抗寒能力弱。特别在低温环境里,仔猪易患低血糖、感冒、肺炎等疾病,严重时会大批死亡。仔猪生长的适宜温度是:初生后 6 小时内为 35℃左右,1～3 日龄为 30～34℃,4～7 日龄为 28～30℃,8～15 日龄为 25～28℃。冬天猪舍要堵塞风洞,铺垫厚草,保持干燥。有条件时,最好在产圈内一角修建保温室(长宽80～120厘米、高 80 厘米),保温室一侧下端开门让仔猪自由出入(须引导 1～2 次)。保温室顶端悬吊 150～250 瓦红外线灯泡,灯泡距床面 40～50 厘米,随着仔猪长大,加大灯泡距床面的距离,床面温度也随着降低。

2.人工固定乳头

固定乳头是提高仔猪成活率的主要措施之一。全窝仔猪降生后,即可训练固定乳头,保证及时吃到母乳。固定乳头的方法是:可先让仔猪自行选择,再按体重大小强弱适当调整,使弱小仔猪吃中、前部乳头,强壮仔猪吃后部乳头。人工辅助两三天,便可固定仔猪吃乳位置。

3.高床培育哺乳仔猪

由于地面上母猪和仔猪粪尿的污染,母猪乳头肮脏,圈舍潮湿寒冷,引起仔猪下痢。仔猪下痢常造成生长停滞,甚至死亡,给仔猪生产带来很大损失。所以提倡高床培育,改善仔猪的卫生条件,下痢病可基本解决。

4.早期补料

为保证仔猪正常生长,必须及时补充饲料。为使仔猪早认料,可于 5～7 日龄对仔猪开始诱食,方法是将炒熟的玉米、豆类等粒料洒些糖水,再裹些仔猪配合饲料,任其自由拣食,每天有意识地把仔猪赶到补料间几次,便可使其吃料。同时要供给清洁饮水,冷天最好让仔猪饮温开水。

5.铁盐的补充

对新生仔猪补铁,是一项容易被忽视而又非常重要的措施。初生仔猪每天平均需要7～11毫克铁,但100克猪乳中铁不足0.2毫克,不到仔猪需铁量的5%。缺铁仔猪表现为贫血症状,易并发白痢、肺炎,常见于5～20日龄仔猪。预防办法:圈内勤更换深层红土;注射含铁制剂:在4日龄内注射葡萄糖铁钴注射液或右旋糖酐铁注射液1毫升。配制硫酸亚铁—硫酸铜溶液喂仔猪:取2.5克硫酸亚铁和1克硫酸铜,溶于1000毫升热水中,过滤后给仔猪口服。用于治疗时,每天两次,每次5～10毫升;用于预防时,在3、5、7、10、15日龄时每日两次,每次10毫升。

6.提高母猪妊娠后期的能量水平

在母猪怀孕后期加喂脂肪或增加能量的饲料,对繁殖并无影响。因为这样做可提高初乳与常乳的乳脂率,增加胎儿体内的能量贮存,有利于仔猪成活。在母猪分娩前1个月,每天补喂200～250克动物脂肪或油脂性饲料。

7.注意防病

预防办法:搞好饲料、饮水卫生、圈舍消毒等工作;加强仔猪户外活动;做好防寒保温工作。如果发生黄痢或白痢等病,可口服促菌生片,或用土霉素、庆大霉素、痢特灵、黄连素等药物。

第七章

生长育肥猪饲养管理

猪育肥的最终目的是使养猪生产者以最少的投入，生产出量多质优的猪肉供应市场，以满足广大消费者日益增长的物质需求，并从中获取最大的经济利益。为此，生产者一定要根据猪的生理特点和生长发育规律，满足生长肥育猪的各种营养需要，采用科学的饲养管理和疫病防治技术，从而达到猪肉品质优良、生产成本低、效益高的目的。

一、肉猪的生长发育规律

根据育肥猪的生理特点和发育规律，我们按猪的体重将其生长过程划分为两个阶段，即生长期和育肥期。

1.生长期

体重 20～60 千克的猪处于生长期。此阶段猪的机体各组织、器官的生长发育功能不是很完善，尤其是刚刚 20 千克体重的猪，其消化系统的功能较弱，消化液中某些有效成分不能满足猪的需要，影响了营养物质的吸收和利用，并且此时猪胃的容积较小，神经系统和机体对外界环境的抵抗力也正处于逐步完善阶段。这个阶段主要是骨骼和肌肉的生长，而脂肪的增长比较缓慢。

2.肥育期

从体重60千克到出栏这段时期的猪处于肥育期。此阶段猪的各器官、系统的功能都逐渐完善，尤其是消化系统有了很大发展，对各种饲料的消化吸收能力都有很大改善；神经系统和机体对外界的抵抗力也逐步提高，逐渐能够快速适应周围温度、湿度等环境因素的变化。此阶段猪的脂肪组织生长旺盛，肌肉和骨骼的生长较为缓慢。

二、猪的育肥方法

在育肥猪饲养中，人们常用的育肥方法有如下两种：

1.直线育肥法

对20～100千克的猪给予丰富营养，中期不减料，使之充分生长，以获得较高的日增重，要求在4个月龄体重达到90～100千克。饲养方法具体如下：

①肥育小猪要选择二品种或三品种杂交仔猪，要求发育正常，60～70日龄转群体重达到15～20千克以上，身体健康、无病。

②肥育开始前7～10天，根据品种、体重、强弱情况，进行分栏、阉割、驱虫、防疫。

③正式肥育期为3～4个月，要求日增重达1.2～1.4千克。

④日粮营养水平：前期（体重20～60千克）为每千克饲料含粗蛋白质16%～18%，消化能3.1～3.2兆卡；后期（体重61～100千克）为粗蛋白质13%～14%，消化能3～3.1兆卡，同时注意饲料多种搭配和氨基酸、矿物质、维生素的补充。

⑤每天喂2～3餐，自由采食，前期每天喂料1.2～2.0千克，后期每天为2.1～3.0千克。精料采用干湿喂，青料生喂，自由饮水，保持猪栏干燥、清洁，夏天要防暑、降温、驱蚊，冬天要关好门窗保暖，保持猪舍安静。

2.前攻后限育肥法

过去育肥猪饲养，多在出栏前1～2个月进行加料猛攻，结果使猪生产出大量脂肪。这种育肥不能满足当今人们对瘦肉的需要，所以必须采用前攻后限的育肥法，以增加瘦肉生产。前攻后限的饲喂方法：仔猪体重在60千克前，采用高能量、高蛋白日粮，每千克混合料粗蛋白质占16%～18%，消化能占3.1～3.2兆卡，日喂2～3餐，每餐自由采食，尽量发挥小猪早期生长快的优势，要求日增重达1～1.2千克以上。在体重61～100千克阶段，采用中能量，中蛋白，每千克饲料含粗蛋白13%～14%，消化能2.9～3兆卡，日喂2餐，采用限量饲喂，每天只吃80%的营养量，以减少脂肪沉积，要求日增重600～700克。为了不使猪挨饿，在饲料中可增加粗料比例，使猪既能吃饱，又不会过肥。

三、育肥猪的饲养管理

饲养育肥猪的经济效益主要是通过生长速度、饲料利用率和瘦肉率来体现的，因此，要根据育肥猪的营养需要配制合理的日粮，以最大限度地提高瘦肉率和肉料比。

1.饲养育肥猪的营养需要

一般情况下，猪日采食能量越多，日增重越快，饲料利用率越高，沉积脂肪也越多。但此时瘦肉率降低，胴体品质变差。蛋白质的需要更为复杂，为了获得最佳的肥育效果，不仅要满足蛋白质质量的需求，还要考虑氨基酸之间的平衡和利用率。能量高使胴体品质降低，而适宜的蛋白质能够改善猪胴体品质，这就要求日粮具有适宜的能量蛋白比。由于猪是单胃杂食动物，对饲料粗纤维的利用率有限。研究表明，在一定条件下，随饲料粗纤维水平的提高，能量摄入量减少，增重速度和饲料利用率也会降低。因此，猪日粮粗纤维不宜过高,肥育期应低于8%。矿物质和维生素是猪正常生长和发育不可缺少的营养物质,长期过量或不足,将导致代谢紊乱,轻则增重减慢,重则引发缺乏症或死亡。生长期为满足肌肉和骨骼的快速增长,要求能量、蛋白质、钙和磷的含量较高,饲料含消化能为12.97～13.97兆焦/千克,粗蛋白水平为16%～18%,适宜的能量蛋白比为188.28～217.57克粗蛋白/兆焦 DE,钙为0.50%～0.55%,磷为0.41%～0.46%,赖氨酸为0.56%～0.64%,(蛋氨酸＋胱氨酸)为0.37%～0.42%。肥育期要控制能量,减少脂肪沉积,饲料含消化能为12.30～12.97兆焦/千克,粗蛋白水平为13%～15%,适宜的能量蛋白比约为188.28克粗蛋白质/兆焦 DE,钙约为0.46%,磷约为0.37%,赖氨酸约为0.52%,(蛋氨酸＋胱氨酸)约为0.28%。

2.育肥猪的饲养管理

(1)日粮搭配多样化 猪只生长需要各种营养物质,单一饲料往往营养不全面,不能满足猪生长发育的要求。多种饲料搭配可以发挥蛋白质及其他营养物质的互补作用,从而提高蛋白质等营养物质的消化率和利用率。研究证明,单一玉米喂猪,蛋白质利用率为51%,单一肉骨粉则为41%,如果用两份玉米加一份肉骨粉混合喂猪,蛋白质利用率可提高到61%。

(2)饲喂定时、定量、定质 定时指每天喂猪的时间和次数要固定,这样不仅使猪的生活有规律,而且有利于消化液的分泌,有利于提高猪的食欲和饲料利用率。喂养时,要根据具体饲料确定饲喂次数。以精料为主时,每天喂2～3次即可,青粗饲料较多的猪场每天要增加1～2次。夏季昼长夜短,白天可增喂1次,冬季昼短夜长,应加喂1顿夜食。饲喂要定量,不要忽多忽少,否则会影响食欲,降低饲料的消化率。要根据猪的食欲情况和生长阶段随时调整喂量,每次饲喂掌握在八九成饱为宜,使猪在每次饲喂时都能保持旺盛的食欲。饲料的种类和精、粗、青比例要保持相对稳定,不可变动太大;变

换饲料时，要逐渐进行，使猪有个适应和习惯的过程，这样有利于提高猪的食欲以及饲料的消化利用率。

(3)以生饲料喂猪　饲料煮熟后，破坏了相当一部分维生素，若高温久煮，饲料中的蛋白质会发生变性，降低其消化利用率，且有些青绿多汁饲料，闷煮后可能产生亚硝酸盐，易造成中毒死亡。生料喂猪还可以节省燃料，减少开支，降低饲养成本。

(4)掌握日粮的稀稠度　日粮调制过稀不仅影响唾液分泌，而且稀释胃液，影响饲料的消化。饲喂稀料使猪干物质进食量降低，同时猪排尿增加，消耗体热。因此，日粮调制以稠些为好，一般料水比为1∶(2～4)。冬季应适当稠些，夏季可适当稀些。

(5)饲养方式　饲养方式可分为自由采食与限制饲喂两种，自由采食有利于日增重，但猪体脂肪量多，胴体品质较差。限制饲喂可提高饲料利用率和猪体瘦肉率，但增重不如自由采食快。

(6)饲料品质　饲料品质不仅影响猪的增重和饲料利用率，而且影响胴体品质。猪是单胃杂食动物，饲料中的不饱和脂肪酸直接沉积于体脂，使猪体脂变软，不利于长期保存。因此，在育肥猪出栏上市前两个月应该用含不饱和脂肪酸少的饲料，防止产生软脂。

(7)分群技术　要根据猪的品种、性别、体重和吃食情况进行合理分群，以保证猪的生长发育均匀。分群时，一般掌握“留弱不留强”、“夜合昼不合”的原则。分群后经过一段时间饲养，要随时进行调整分群。

(8)调教与卫生　从小就加强猪的调教，使其养成“三点定位”的习惯，使猪吃食、睡觉和排粪尿固定，这样不仅能够保持猪圈清洁卫生，而且有利于垫土积肥，减轻饲养员的劳动强度。猪圈应每天打扫，猪体要经常刷拭，这样既能减少猪病，又有利于提高猪的日增重和饲料利用率。

(9)防寒与防暑　温度过低时，猪用于维持体温的热能增多，使日增重下降；温度过高，猪食欲下降，代谢增强，饲料利用率也降低。

因此，夏季要做好防暑工作，增加饮水量；冬季要喂温食，必要时修建暖圈。

(10)去势、驱虫与防疫 猪去势后，性器官停止发育，性机能停止活动，猪表现安静，食欲增强，同化作用加强，脂肪沉积能力增加，日增重可提高7%～10%，饲料利用率也会提高，而且肉质细嫩、味美、无异味。在催长期前驱虫一次，驱虫后可提高增重和饲料利用率。按照一定的免疫程序定期进行疾病预防工作，注意疫情监测，及时发现病情。

(11)防止育肥猪过度运动和惊恐 生长猪在育肥过程中，应防止过度的运动，特别是激烈地争斗或追赶，过度运动不仅消耗体内能量，更严重的是容易使猪患上一种应激综合征，突然出现痉挛，四肢僵硬，严重时会造成猪死亡。

(12)供给充足的清洁饮水 水是调节体温、饲料营养的消化吸收和剩余物排泄过程不可缺少的物质，水质不良会带入许多病原体，因此既要保证水量充足，又要保证水质。实际生产中，切忌以稀料代替饮水，否则会造成不必要的饲料浪费。

四、猪育肥效果的评价与影响因素

影响猪育肥的因素很多，总的可分为遗传因素和环境因素，如品种类型、早熟性等是由遗传因素决定的，而饲料和营养水平、猪舍条件等是环境因素。

1.品种影响

品种选择对育肥猪生产有影响。如大白、长白、杜洛克等瘦肉型猪种，在科学饲养条件下，比地方猪生长快，瘦肉率高、育肥期短；而地方猪在以青粗饲料为主的低营养水平下则表现较好。选择瘦肉型杂种猪苗，杂种猪具有杂种优势，生长快，抗病力强，容易饲养。

2.性别影响

公猪的增重速度、饲料利用率、瘦肉率优于母猪，而且去势后可提高增重速度、饲料利用率和屠宰率。

3.饲料影响

科学饲养，合理给料。能量摄入多的猪，增重快、屠宰率高，但膘厚、胴体瘦肉率偏低。蛋白质不足，不但影响瘦肉率，也影响增重。俗话说“小猪长骨，中猪长皮，大猪长肉，肥猪长膘”。根据猪的生长发育规律，育肥猪的前期阶段供给充足的蛋白质，让其自由采食；后期适当降低饲料营养水平，并分顿限量饲喂。这样既能充分发挥其生长潜力，又有利于提高胴体瘦肉率。初期给料粗蛋白质占16%，中期粗蛋白质占14%，后期粗蛋白质占13%，这是一贯的育肥法。

4.饲喂方式影响

自由采食增重快，瘦肉率低；限量饲喂生长较慢，特别是育肥后期适当限量，能提高胴体瘦肉率。

5.环境影响

温度过高过低都会降低增重速度。合适的温度：育肥猪生长的适宜温度是仔猪20～30℃，体重50千克以前的为20～25℃，体重50～90千克的为18～20℃。适宜的湿度：湿度过高或过低对生长育肥猪都不利。当高温高湿时，猪体散热困难，猪感到更加闷热；当低温高湿时，猪体散热量显著增加，猪感到更冷，而且高湿环境有利于病原微生物的繁殖，使猪易患疥癣、湿疹等皮肤病。猪舍适宜的相对湿度是65%～80%。育肥猪舍的光线只要不影响猪的采食和饲养管理操作即可，强烈的光照会影响育肥猪休息和睡眠。降低噪声的影响：如果经常受到噪声干扰，猪的活动量会增多，一部分能量被消耗而影响猪增重，噪声还会引起猪惊恐，降低食欲。

此外，注意有害气体的消除：猪舍内由于粪尿、饲料、垫草的发酵或腐败，经常分解出氨气和硫化氢等有毒气体，而且猪的呼吸又会排出大量的二氧化碳，所以要保证猪舍空气卫生、通风干燥，及时清除猪粪尿和脏物，注意合适的圈养密度。如果圈养密度过高，群体过大，可导致猪群生活环境变差，猪间冲突增加，食欲下降，采食减少，生长缓慢，猪群发育不整齐，易患各种疾病；圈养密度太低则会降低设备利用率，特别是在寒冷条件下，生长和饲料转化率都会降低。圈养密度以每头育肥猪占0.8～1.0平方米为宜；猪群规模以每群10～20头为佳。

6.组群影响

按猪种、个体状况等合理分圈饲养，以便为其提供适宜的环境条件。组群后要保持猪群的相对稳定，在饲养期尽量不再并群，否则，不同群的猪相互咬斗，会影响生长和育肥。

7.出栏时间影响

传统养大肥猪的习惯既不适用于瘦肉猪生产，也不利于提高饲养效果，因为猪越大，胴体瘦肉率和饲料转化效率越低。实践证明，体重100千克左右出栏比较适宜。

第八章

规模化猪场建设与规划

近年来，随着国家对养殖业的重视与扶持，一些标准化、工厂化猪场随之兴建，也有不少养殖场在原有基础上改建扩建，不同程度地提高了生猪产量，保障了畜产品的市场供应，也提高了产品安全质量，同时加快了生猪产业化的发展。这些有利因素都有利于标准化、规范化生产的形成。

工厂化养猪是现代化养猪的重要标志，是采用类似于工业化的生产方式，以先进的生产工艺流程，综合应用现代科学的最新成果，实施流水式作业，在单位时间内常年均衡地进行高密度、高效率的生产。实现资金、技术、管理的高度集成。它的基本特点是：用先进的生产工艺流程，完善的技术设施、设备，对环境和生产节律进行有效的控制；用性能优良的品种或品系进行配套繁育，提高产品的规格化程度；用现代营养科学的最新成果，配制系列日粮，饲养不同生理阶段的猪；实施严格的兽医卫生消毒、免疫程序，保证猪群健康。使用先进的管理手段，在单位时间内生产规格化产品，获得最大经济效益。

一、猪场场址选择要求

猪场场址的选择，应根据猪场生产特点、生产规模、饲养管理方式及生产集约化程度等方面的实际情况，对地势、地形、土质、水源，以及居民点的位置、交通、电力、物质供应及当地气候条件等进行全面考虑。

1.地形地势

选择猪场要地形开阔整齐，有足够的生产经营土地面积，面积不足会对饲养管理、防疫防火及猪舍环境造成不便。地势要较高、干燥、背风向阳、有缓坡。地势低洼易集水潮湿，夏季通风不良空气闷热，易滋生蚊蝇和微生物，冬季阴冷。

2.水源水质

建设猪场要求水源水量充足，水质良好，便于取用和进行卫生防护，并易于消毒。水源水量要满足猪场生活用水、猪只饮用及饲养管理用水。

3.土壤特性

猪场对土壤的要求是透气性好，易渗水，热容量大，这样可抑制微生物、寄生虫和蚊蝇的滋生，也可使场区昼夜温差较小。土壤化学成分也会影响猪的代谢和健康，某些化学元素过多或过少都会造成地方病，如缺碘造成甲状腺肿大，碘过量会造成斑齿和大骨节病。土壤虽有净化作用，但是许多微生物可存活多年，应避免在旧猪场场址或其他畜牧场场地建造。

4.场地面积

猪场占地面积依据猪场生产的任务、性质、规模和场地的总体情况而定。生产区面积一般可按每头繁殖母猪 40～50 平方米或每头商品猪 3～4 平方米计划。

5.周围环境

养猪场饲料产品粪污废弃物等运输量很大,交通方便才能降低生产成本和防止污染周围环境,但是交通干线往往会造成疫病传播,因此场址既要交通方便又要与交通干线保持距离。距铁道和国道应不少于3000米,距省道应不少于2000米,距县乡和村道应不少于1000米。与居民点距离应不少于1000米,与其他畜禽场的距离应不少于5000米。周围要有便于生产污水进行处理以后(达到排放标准)排放的水系。

6.电力和能源的供应

猪场2～5千米以内应有380伏以上的高压电源,燃料就近供应。

7.附近城镇的发展

猪场场址的选择要考虑多方面的因素,在现实情况下有些因素之间存在矛盾,所以,出于环境卫生要求的诸多方面条件无法同时满足时,应当考虑以下两个问题:一是哪一个因素更重要,二是是否能用可以接受的投资对不利因素加以改善。例如,一个地势低洼的地方是不宜建场的,然而当该处在交通、电力、原料供应、建筑面积及与居民点的关系等诸多方面具有明显的优势时,我们应当考虑填高该洼地,因为建场所花的额外投资是可以接受的。再如,当今中国各大小城市的发展速度以3～8千米/年的速度发展,所以猪场要距城市30千米以上。以上提出的场地选择要考虑的因素,并不表示每一方面都是必须满足,而是表明场地选择时有哪些主要因素会对未来猪场的生产、管理和防疫等产生影响,从而为场地的选择提供参考。

二、猪场生产工艺、规划布局

1.猪场的生产工艺

(1)确定适宜饲养规模 养猪场需要一定的规模,规模扩大了,劳动生产率会上升,生产成本会降低,流通效益会提高。但规模不是越大越好,因为规模扩大,投资成本上升,设备一旦投入,便长期滞留于经营之中,在设备投资依赖于借入资金的情况下,折旧费和资本利息给经营造成压力。因此,虽说扩大规模是获取利润的必要条件,但在投资时一定要考虑投资界限,防止过剩投资。

(2)养猪工艺流程 养猪是流水式生产,配种、怀孕、分娩、保育、生长、育肥、销售形成一条连续流水生产线,各阶段都要有计划、有节奏、不间断地进行,一年四季均衡地为市场提供商品猪。这种生产工艺大多以周为单位安排生产,即在一周内安排一定数量的猪配种、分娩、断奶、转群、肥育、出栏上市。猪群周转实行"全进全出"或者"部分全进全出",并留有一段时间空栏和消毒。

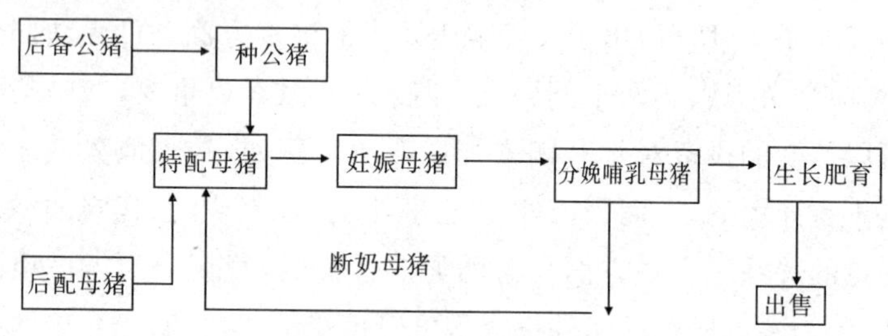

图 8-1 养猪生产的工艺流程

(3)生产工艺 按饲养阶段的不同,分为四段法、五段法和六段法。

四段法是根据猪的生理特点,分别将其饲养于空怀和妊娠舍、分娩哺乳舍、断奶仔猪培育舍和肥猪舍。

空怀和妊娠舍:母猪小群饲养,每栏 4～5 头,此阶段完成配种和

怀孕期，配种用 1 周左右的时间，怀孕期 16.5 周，提前 1 周进入产房，母猪在此阶段饲养 16～17 周。如果猪场规模较大，可以把空怀和怀孕分成两个阶段，在空怀阶段，用 1 周左右时间完成配种，然后观察 4 周，确定怀孕后转入妊娠舍，在妊娠舍饲养 11.5 周，然后进入下一阶段饲养。

分娩哺乳舍：同一周配种的母猪，按预产期提前 1 周同批进入分娩哺乳舍，此阶段要完成产仔和哺乳两项任务，所用的时间为 5～10 周。断奶后，仔猪转入下一阶段饲养，而母猪回到空怀舍参加下一个繁殖周期的配种。

断奶仔猪培育舍：仔猪断奶后，要同批转入仔猪培育舍，在仔猪培育舍饲养 6 周后，同批转入肥猪舍进行育肥。

肥猪舍：由仔猪培育舍转入的猪，要按育肥猪的饲养管理标准进行饲养，体重达出售标准后出售。

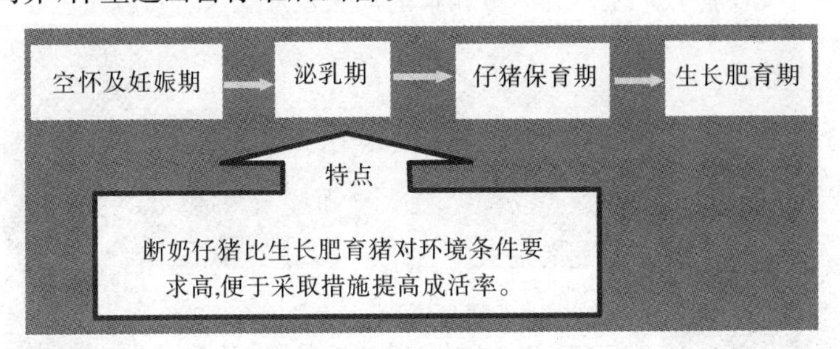

图 8-2 养猪生产工艺四段法

五段法是根据猪的生理特点，分别将其饲养于空怀和妊娠舍、分娩哺乳舍、断奶仔猪保育舍、生长猪舍和肥猪舍。五段法和四段法的不同之处，是五段法把商品猪分成生长和育肥两个阶段，根据其对饲料和环境条件的要求不同，最大限度地满足其需要，以充分发挥其生长潜力，提高养猪效率。但与四段法比较，五段法增加了一次猪的转群负担和应激机会。

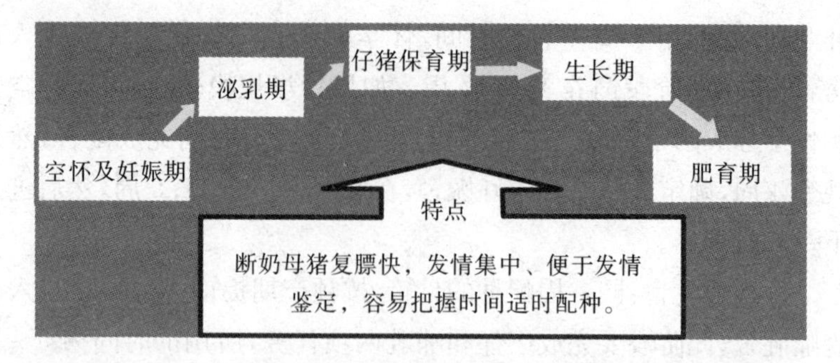

图 8-3 养猪生产工艺五段法

六段法:根据猪的生理特点,六段法分工更细,在五段法的基础上,又把空怀母猪与妊娠母猪分开,单独组群。这种饲养工艺适合于大型猪场,便于实施“全进全出”的流水式作业。另外,断奶母猪复膘快、发情集中、易于配种,猪生长快,生产效率高。但六段法的转群次数较多,增加了管理者劳动量和猪的应激反应。

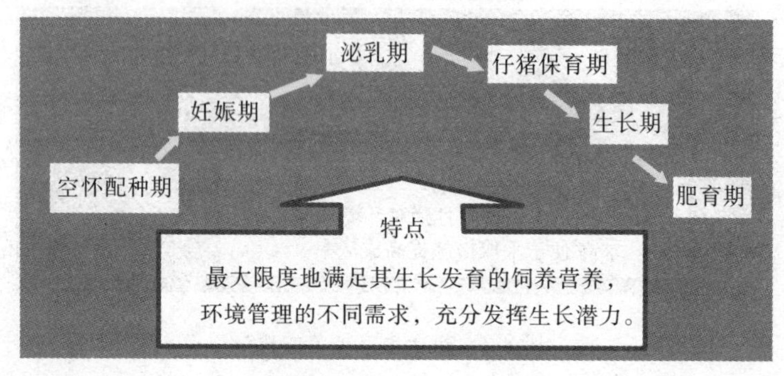

图 8-4 养猪生产工艺六段法

2.猪场的规划布局

(1)生产区 生产区包括各类猪舍和生产设施,这是猪场中的主要建筑区,一般约占猪场总建筑面积的 70%~80%。种猪舍要与其他猪舍隔开,形成种猪区。种猪区应设在人流较少和猪场的上风向,种公猪在种猪区的上风向,防止母猪的气味对公猪形成刺激,同时可

利用公猪的气味刺激母猪发情。分娩舍既要靠近妊娠舍，又要接近培育猪舍。育肥猪舍应设在下风向，且离出猪台较近。在设计时，使猪舍方向与当地夏季主导风向成30°～60°，使每排猪舍在夏季都得到最佳的通风条件。总之，应根据当地的自然条件，充分利用有利因素，从而在布局上做到对生产最为有利。在生产区的入口处，应设专门的消毒间或消毒池，以便进入生产区的人员和车辆进行严格消毒。

(2)饲养管理区　饲养管理区包括猪场生产管理必需的附属建筑物，如饲料加工车间、饲料仓库、修理车间、变电所、锅炉房、水泵房等。它们和日常的饲养工作有密切的关系，所以这个区应该与生产区毗邻建。

(3)病猪隔离间及粪便堆存处　病猪隔离间及粪便堆存处应远离生产区，设在下风向、地势较低的地方，以免影响生产猪群。

(4)兽医室　兽医室应设在生产区内，只对区内开门，为便于病猪处理，通常设在下风向地区。

(5)生活区　生活区包括办公室、接待室、财务室、食堂、宿舍等，这是管理人员和家属日常生活的地方，应单独设立。生活区一般设在生产区的上风向地区，或与风向平行的一侧。此外，猪场周围应建围墙或设防疫沟，以防兽害和避免闲杂人员进入场区。

(6)道路　道路对生产活动正常进行、卫生防疫及提高工作效率起着重要的作用。场内道路应净、污分道，互不交叉，出入口分开。净道的功能是人行和饲料、产品的运输，污道为运输粪便、病猪和废弃设备的专用道。

(7)水塔　自设水塔是清洁饮水正常供应的保证。位置选择要与水源条件相适应，且应安排在猪场最高处。

(8)绿化　绿化不仅美化环境，净化空气，也可以防暑、防寒，改善猪场的小气候，同时还可以减弱噪声，促进安全生产，从而提高经济效益。因此在进行猪场总体布局时，一定要考虑和安排好绿化。

3.猪场建筑设计

(1)猪舍建设 猪舍的大小要根据养猪多少而定，商品猪舍建筑面积按1头育肥猪占有效面积0.8～1.0平方米修建。并配套建有办公用房、饲料库房、人员休息室等附属建筑设施。小规模猪场宜采用跨度小、结构简单、造价低的单坡式屋顶。双列猪舍和多列猪舍常用跨度大，保温效果好的双坡式。商品猪舍间距不低于6米，种猪舍间距不低于10米。

(2)猪舍的基本结构 一栋完整的猪舍，主要由墙壁、屋顶、地面、门、窗、粪尿沟、隔栏等部分构成。猪舍墙壁采用砖砌墙，要求水泥勾缝，离地0.8～1米水泥抹面。

猪舍屋顶最好采用水泥预制板平板式，并加15～20厘米厚的土以利保温、防暑。还可选用钢架结构支撑系统、瓦楞钢房顶板，并夹有玻璃纤维保温棉，保温效果良好。

猪舍地面采用水泥地面、砖地面，最好使用半漏缝或全漏缝地板。

开放式猪舍的粪尿沟要求设在前墙外面；全封闭、半封闭猪舍的粪尿沟可设在距南墙40厘米处，并加盖漏缝地板。粪尿沟的宽度应根据舍内面积设计，至少有30厘米宽。漏缝地板的缝隙宽度要求不得大于1.5厘米。

开放式猪舍运动场前墙应设有门，要求结实，尤其是种猪舍；半封闭猪舍则在与运动场的隔墙上开门，全封闭猪舍仅在饲喂通道侧设门。无论哪种猪舍都应设后窗。半封闭式中隔墙窗户及全封闭猪舍的前窗要尽量大，全封闭猪舍的后墙窗户可小。若条件允许，可装双层玻璃。

除通栏猪舍外，在一般密闭猪舍内均需建隔栏。隔栏材料基本上有两种，砖砌墙水泥抹面及钢栅栏。纵隔栏应为固定栅栏，横隔栏可为活动栅栏，以便进行舍内面积的调节。

(3)**猪舍的类型**

公猪舍:公猪舍一般为单列半开放式,内设饲喂走廊,外设小型运动场,以增加种公猪的运动量。舍内温度要求15~20℃。

空怀及妊娠母猪舍:空怀及妊娠母猪舍一般为全封闭式,采用分组大栏群饲,一般每栏饲养空怀母猪4~5头、妊娠母猪2~4头。圈栏的结构有实体式、栅栏式、综合式三种。猪圈布置多为单走道双列式。猪圈面积一般为7~9平方米,注意地表不要太光滑,以防母猪跌倒。

分娩哺育舍:分娩哺育舍一般为全封闭式,舍内设有分娩栏,多为两列或三列式布置。舍内温度要求15~20℃。分娩栏结构也因条件而异。地面分娩栏采用的是单体栏,中间部分是母猪限位架,两侧是仔猪采食、饮水、取暖等活动的地方。网上分娩栏主要由分娩栏、仔猪围栏、金属编织的漏缝地板网、保温箱、支腿等组成。

仔猪保育舍:仔猪保育舍一般为全封闭式,可采用网上保育栏,网上饲养,自动落料食槽,自由采食。舍内温度要求26~30℃。也可将分娩哺育舍与仔猪哺育舍建在同一栋舍内,这样便于断奶,对仔猪的刺激较小。

生长、育肥舍和后备母猪舍:这类猪舍一般为半开放式,这三种猪舍均采用大栏地面群养方式,自由采食,其结构形式基本相同,只是在外形尺寸上因饲养头数和猪体大小的不同而有所变化。

病猪隔离舍:为了避免传染病的传播,宜设置病猪隔离舍,以利观察、治疗。病猪隔离舍的建造结构参照半开放式育肥舍,冬天可搭塑料棚。

(4)**猪栏的设计** 公猪栏、空怀母猪栏、配种栏一般都位于同一栋舍内。面积一般都相等,栏高一般为1.2~1.4米,面积为7~9平方米。

单体妊娠栏由金属材料焊接而成,面积较小。小群妊娠栏的结构可以是混凝土实体结构、栏栅式或综合式结构,并设有舍外小群运动场。不设食槽而采用地面喂食。面积根据每栏饲养头数而定。

采用高床分娩栏,可以防冻防压。仔猪离地高床保育,可以避免因地板吸热对仔猪成活的影响,减少母猪压死仔猪现象的出现。

高床分娩栏是由金属编织的漏缝地板网、围栏、自动翻料饲槽、饮水器、连接卡、支腿等组成。面积因饲养头数不同而不同,以猪能自由采食为设计原则。

育肥栏采用栏栅式结构。

4.猪场设施与设备

猪场设备主要包括各种猪栏、地板、喂饲设备、饮水设备、清粪设备、环境控制设备以及运输设备等。在选择设备时,应遵循经济实用、坚固耐用、方便管理、设计合理、符合防疫卫生要求等原则。随着工厂化养猪业工程技术的不断进步,我国已初步形成了多个系列的工厂化养猪配套设备,为推进我国养猪业的工业化进程,提高养猪生产水平奠定了基础。

(1)猪栏 猪栏是现代化养猪场的基本生产单位,不同的饲养方式和猪的种类需要不同形式的猪栏。根据饲养猪的种类,猪栏可分为公猪栏、配种栏、母猪栏、妊娠栏、分娩栏、保育栏、育成育肥栏等;按栏内饲养头数可分为单栏和群栏;根据排粪区的位置和结构分为地面刮粪猪栏、部分漏缝地板猪栏、全漏缝地板猪栏、前排粪猪栏、侧排粪猪栏等;按结构形式分为实体猪栏、栅栏猪栏、综合式猪栏、装配式猪栏等。

公猪栏和配种栏:公猪栏主要用于饲养公猪,一般为单栏饲养,单列式或双列式布置。过去一般将公猪栏和配种栏合二为一,即用公猪栏代替配种栏。但由于配种时母猪不定位,操作不方便,而且配种时对其他公猪干扰大,所以,现在不再用这种配种栏。

母猪栏:常用的母猪栏有以下三种形式。

一是母猪的整个空怀期、妊娠期采用单栏限位饲养。其特点是

每头猪的占地面积小，喂料、观察、管理都较方便，母猪不会因碰撞而导致流产。但母猪活动受限制，运动量较少，对母猪分娩有一定影响。

二是母猪整个的空怀期、妊娠期采用群栏饲养，一般每栏 3～5 头。它克服了单栏饲养母猪活动量不足的缺点，但容易发生因母猪间相互争斗或碰撞而引起流产。

三是在空怀期和母猪妊娠前期采用群栏饲养，妊娠后期母猪则用单栏限位饲养。

分娩栏：分娩栏也称“产仔栏”。猪场中，对分娩栏的要求最高。

仔猪保育栏：仔猪保育栏也是猪栏设备中要求较高的一种。仔猪保育栏多用高床全漏缝地板，采用全金属栏架，配塑料或铸铁漏缝地板、自动饲槽和自动饮水器。

育成育肥栏：实际生产中，为了节约投资，所用的育成育肥栏相对比较简易，常采用全金属圈栏或砖墙间隔、金属栏门。

(2)漏缝地板　现代养猪生产中，为保持猪场栏内卫生，改善环境，减少清扫，普遍采用在粪沟上敷设漏缝地板。对漏缝地板的要求为耐腐蚀、不变形、导热性小、坚固耐用、漏粪效果好、易冲洗消毒。地板缝隙宽度必须适合各种猪龄猪的行走站立，不卡猪蹄。常用的漏缝地板包括水泥混凝土地板，金属编织网地板，工程塑料地板以及铸铁地板等。

水泥混凝土漏缝地板：水泥混凝土漏缝地板在配种妊娠舍和育成肥育舍最为常见，可做成板状或条状。这种地板成本低、牢固耐用，但对制造工艺要求严格，水泥标号必须符合设计图纸要求。

金属漏缝地板：金属漏缝地板可以用金属条排列焊接而成，也可用金属条编织成网状。由于缝隙占的比例较大，粪尿下落顺畅，缝隙不易堵塞，不会打滑，栏内清洁、干燥，在集约化养猪生产中普遍采用。

塑料漏缝地板：塑料漏缝地板采用工程塑料模压而成，拆装方便、质量轻、耐腐蚀、牢固耐用、较混凝土、金属和石板地面暖和，但容易打滑，体重大的猪因行动不稳不宜用此类地板，只适用于小猪保育栏地面或产仔哺乳栏小猪活动区地面。

调温地板：调温地板是以换热器为骨架，用水泥基材料浇筑而成的便于移动和运输的平板，设有进水口和出水口与供水管道连接。

(3)饲喂设备 养猪生产中，饲料成本占50%～70%，喂料工作量占30%～40%，因此，饲喂设备对提高饲料利用率、减轻劳动强度、提高猪场经济效益有很大影响。人工喂料设备比较简单，主要包括加料车、食槽。自动喂饲系统由贮料塔、饲料输送机、输送管道、自动给料设备、计量设备、食槽等组成。

(4)饮水设备 猪用自动饮水器的种类很多，主要有鸭嘴式、乳头式、吸吮式和杯式等，每一种又有多种结构形式。鸭嘴式猪自动饮水器为规模化猪场中使用最多的一种饮水设备。乳头式猪自动饮水器由壳体、顶杆和钢球三部分组成。吸吮式猪自动饮水器由顶杆、钢球、壳体三部分组成。杯式猪自动饮水器供水部分的结构与鸭嘴式大致相同，杯体常用铸铁制造，也可以用工程塑料或钢板冲压成形(表面喷塑)。

(5)清粪设备 常用的清粪机械有链式刮板清粪机、往复式刮板清粪机等。

链式刮板清粪机：链式刮板清粪机由链刮板、驱动装置、导向轮和张紧装置等部分组成。此方式不适用于高床饲养的分娩舍和培育舍清粪。链式刮板清粪机的主要缺陷是由于倾斜升运器通常在舍外，在北方冬天易冻结。因此，在北方地区冬天不可使用倾斜升运器，而应由人工将粪便装车运至集粪场。

往复式刮板清粪机：往复式刮板清粪机由带刮粪板的滑架(两侧面和底面都装有滚轮的小滑车)、传动装置、张紧机构和钢丝绳等组成。

(6)猪舍环境调控 猪舍环境调控主要是指对猪舍采暖、降温、

通风及空气质量的控制，需要通过配置相应的环境调控设备来满足各种环境要求。猪场常用的采暖方式主要有热水采暖系统、热风采暖系统及局部采暖系统。

我国大部分地区夏季炎热，需要对猪舍采取一些行之有效的防暑降温措施。除通过进行合理的猪舍设计，利用遮阳、绿化等减少太阳辐射，在一定程度上可减轻高温的危害外，采取通风降温、湿垫风机蒸发降温、喷雾降温等措施，也可获得理想的降温效果。针对猪的定位饲养工艺，采用滴水降温也是一种经济有效的降温方式。此外，在猪舍躺卧区地板下，铺设一些管道，让冷风、冷水或其他冷源通过，使局部地板温度降低，也可达到降温的目的。

猪舍通风一方面可起到降温作用；另一方面，通过舍内外空气交换，引入舍外新鲜空气，排除舍内污浊空气和过多水汽，以改善舍内空气环境质量，保持适宜的相对湿度。但猪舍通风时，应注意夏季采用机械通风在一定程度上能够起到降温的作用，但过高的气流速度，会因气流与猪体表间的摩擦而使猪感到不舒服。因此，猪舍夏季机械通风的风速不应超过 2 米/秒；猪舍通风一般要求风机有较大的通风量和较小的压力，宜采用轴流风机；冬季通风需在维持适中的舍内温度下进行，且要求气流稳定、均匀，不形成“贼风”，无死角。

(7)其他设备　猪场还有一些配套设备，如背膘测定仪、怀孕探测仪、活动电子秤、模型猪、耳号钳及电子识别耳牌、断尾钳、仔猪转运车，以及用于猪舍消毒的火焰消毒器、兽医工具等。

三、猪场污染物处理

由于规模化养殖场在养猪业中所占比例的上升，所产生的粪污已严重影响到自身的持续发展，并给周边环境保护带来重大隐患和压力。因此，为养猪创造适宜的环境条件显得更为重要。

1.猪场污染物对环境的影响

生猪养殖所引起的污染主要有以下几个方面：

(1)大气污染 猪粪中含有大量有机物质，排出体外后会迅速腐败发酵产生大量的氨气、硫化氢气体等恶臭物质，这些物质直接刺激动物的呼吸器官，传播病原微生物，抑制机体的免疫力，使动物体的易感性升高，直接影响生猪产量品质，而且威胁饲养员的健康。同时恶臭气体分子附着于微小尘埃随风飘散而严重影响周围居民的生活。

(2)水资源和土壤污染 猪场的粪尿和污水未经过处理，直接排放用作肥料，会造成病虫害的传染，还会产生发酵烧苗、毒气危害、土壤缺氧、肥效释放缓慢等危害。场内污水还会经降雨或地下渗透污染地面水、土壤和地下水，从而造成危害。

(3)传播人畜共患病 由动物传染给人的人畜共患病有90余种，这些人畜共患病的载体主要是畜禽粪便及排泄物。

(4)影响猪的自身生长 畜禽生产的环境卫生状况与畜禽的正常生长发育有很大关系，比如由粪便产生的氨、硫化氢等气体可使猪的生产性能下降，严重时会造成仔猪中毒死亡，氨还影响猪的繁殖性能。

2.猪粪污的治理

猪场产生的粪污是造成环境污染的主要因素，应依据资源化、无害化和减量化的综合优化处理与利用的原则对猪场粪污进行处理，减少养猪场对环境污染和猪群自身的危害。根据水分和垫草率的含量的多少，猪粪便可分为固体粪便(含水量低于80%)、半固体粪便(含水量在80%～90%)、液体粪便(含水量高于90%)三类。

(1)雨污分流 通过雨水和污水分流的方式可大大降低污水处理的成本。雨水经过排水沟可直接排放到沟渠供灌溉利用，污水通

过场内沉淀池，排放到沼气池发酵利用。

(2)固液分离 利用缝隙地板、矩形截流沟、沉淀池，将固液彻底地分离。这可以使污水容易得到处理。

(3)猪场污水的治理 污水可经过机械分离、沉淀、生物过滤、氧化分解等环节处理后，可循环使用，节约水成本。

(4)猪场猪粪的治理 对猪粪的固体部分送入与之配套的固体粪便预处理车间，采用厌氧或好氧发酵等生物工程技术，进行发酵腐蚀，除臭并干燥，使猪粪的含水量降低到20%～30%。这样既可减少猪粪的体积和重量，又能制成有机肥的半成品，便于包装运输，又能防止运输过程中的二次污染和降低运输成本。

(5)有害气体的臭味治理 猪场产生的臭味来自猪舍。堆粪场及粪污排放的气体，主要为苯酚含氮臭气、硫化物及各类挥发性脂肪酸等有害气体。如何有效的控制猪舍臭气的排放，是畜牧业发展过程中首要解决的问题。

应用生物过滤技术治理臭味：生物过滤技术是一种低能耗、环保、高效的除臭技术。主要由风机、通风管道、生物介质（木屑、混合肥料）、支撑结构及高压排风扇组成。猪舍的臭味经风机收集到通风管道中，再在高压排风扇的作用下，驱使空气通过生物介质过滤后排出。在生物过滤器中增湿后的臭味与附着在过滤器的介质表面的微生物接触，有机成分被微生物吸收、净化后作为气体排放。生物过滤技术对硫化氢的去除率可达95%，对氨气的去除率可达80%。

利用绿色植物治理臭气：绿色植物对防止场内空气污染的作用很大，可吸收二氧化碳、二氧化硫、氨气等有毒气体，还可以吸尘及减少空气中的细菌。所以，可以利用猪舍的空地种植香樟、女真、白杨、葡萄、柑橘、楠竹等多种树木，通过植物的光合作用，吸纳猪舍内的大量有害气体。这样做既可以净化空气，又可替猪舍遮挡太阳光的辐射。

3.猪场废弃物的优化利用

在养猪生产过程中，生产者可以从改变农村生活和农业生产方式入手，通过固液分离、雨污分流、节水养殖，建设生活污水净化池、生活垃圾分类箱、收集池等无害化处理设施，推行集成配套的有机生活垃圾、秸秆、人猪粪便等资源利用和病虫害综合防治等适用技术，使“三废”(粪便、秸秆、生活垃圾和污水)，变为“三料”(燃料、肥料和饲料)，从而达到“三净”(净化家园、田园和水源)、“三生”(生产发展、生活富裕和生态良好)的目标。

(1)自然堆肥 堆肥是一种比较传统的简单方法，也是将固体排放物，通过好气性微生物分解粪便中的有机物使其转化为腐殖质、微生物及有机残渣的过程。分解过程中释放大量热量，使堆肥温度升高，一般可达60～65℃，可杀死其中的病原微生物和寄生虫卵，大量的无机氮被转化为有机氮的形式固定下来，形成比较稳定、基本无臭味的腐殖质为主的堆肥，而且可以提高肥效。

(2)沼气 沼气是一种重要的廉价的具有极大潜力的生物能源。利用猪场的废弃物生产沼气，不仅可以用来做饭、照明，而且沼液、沼渣也是优质的农家肥料，还可养鱼、养蚯蚓，作喷肥和浸种之用。发展沼气既可提供清洁能源，又可通过生态链的延长，即“猪－沼－作物”、“猪－沼－果(茶)”、“猪－沼－鱼”、“猪－沼－蚯蚓－果(茶)”生产链，形成种养结合生态循环养殖模式。利用这种模式可增加养猪户收入、保护生态环境、改善农村人居生活条件、促进农村经济持续发展。

(3)生物有机肥 有机肥厂可以将养猪场预处理的有机肥半成品作为有机质营养来源，通过发酵菌进行好氧发酵和利用土壤中固有的细菌进行堆积厌氧发酵后，再按照不同作物及用途加入适量的元素及磷、钾配制有机肥，达到较理想的营养配比。生物有机肥含有丰富的易吸收的生物有机质及平衡的氨基酸、维生素、微量元素等，

各种营养齐全，配比合理，施用后可增加土壤有机质，改善土壤，保育土壤。此外，生物有机肥富含多种维生素等活性物质和大量有益活菌，集有机肥和菌肥两大功效于一体，效果明显优于普通有机肥。

因此，我们制定粪污处理保护生态环境计划时，既要充分考虑地区差异，做到因地制宜，又要遵循"资源化、减量化、无害化、生态化"的原则，使养猪场粪污得到多层次的循环利用，这样才能有效地解决养猪业的环境污染问题。

参考文献

[1] 李炳坦. 养猪生产技术手册[M]. 北京:中国农业出版社,2004.

[2] 孙宗炎. 中国养猪业的现状及展望[J]. 湖南畜牧兽医,2002(1):1～2.

[3] 韩陆奇. 猪(中)[M]. 北京:中国商业出版社,1982.

[4] 陈清明,王连纯. 现代养猪生产[M]. 北京:中国农业大学出版社,1997.

[5] 杨公社. 猪生产学[M]. 北京:中国农业出版社,2002.

[6] 赵书广. 中国养猪大成[M]. 北京:中国农业出版社,2000.

[7] B.E. 斯特劳等主编,赵德明等译. 猪病学(第八版)[M]. 北京:中国农业大学出版社,2000.

[8] 胡华伟,顾宪红,杨伟. 地面类型和玩具对生长猪应激水平和种属行为的影响[J]. 畜牧兽医学报,2010(1):53～59.

[9] 翁鸣:关注农产品国际贸易中的动物福利问题[J]. 世界农业,2003(8):7～10.

[10] 刘金民. 从绿色壁垒:动物福利谈我国畜产品生产[J]. 黑龙江畜牧兽医,2004(1):5～6.

[11] 李升生,顾宪红. 现代养猪生产中的福利问题及对策[J]. 当

代畜牧，2003(12)：34～37.

[12] 王燕丽.从动物福利谈猪栏设计[J].四川畜牧兽医，2003(5)：24～25.

[13] 翁鸣：不可低估的道德壁垒——国际农产品贸易中的动物福利问题[J].国际贸易，2003(6)：23～25.

[14] 孙德武：动物福利措施[J].中国牧业通讯，2003(21)：70～71.

[15] 陈东林：沈秋姑等.动物善待与动物福利之现状及基本建议[J].江西畜牧兽医杂志，2002，(3)：1～4.

[16] 翁鸣.动物福利：国际贸易中的新问题[J].中国经贸导刊，2003(15)：28～29.

[17] 段辉娜，王巾英：动物福利壁垒——我国畜牧业发展对外贸易的新障碍[J].当代财经，2007(5)：92～96.

[18] 王连纯.猪的环境控制[J].当代畜牧，2001(1)：44～47.

[19] 陈良云，顾宪红，时建忠.环境富集与猪的福利[J].中国畜牧杂志，2009(3)：54～57.

[20] 安英凤.动物福利与猪的福利化饲养[J].山西农业大学学报，2007(6)：117～119.

[21] 万照卿，卢准本，哀根平.猪的福利饲养探讨[M].养殖与饲料.2005(8)：23～26.